材料新技术书库

U0187752

光催化复合材料制备与应用

邵霞　沙云菲　费婷　著

中国纺织出版社有限公司

内 容 提 要

本书系统介绍了二氧化钛/碳复合气凝胶的合成设计与表征、稀土元素掺杂对复合气凝胶光催化性能的影响及其在光催化降解酮麝香方面的研究。

本书可供复合材料及光催化降解等相关行业的工程技术人员和科研人员参考阅读。

图书在版编目（CIP）数据

光催化复合材料制备与应用／邵霞，沙云菲，费婷著．-- 北京：中国纺织出版社有限公司，2023.4
（材料新技术书库）
ISBN 978-7-5229-0352-1

Ⅰ．①光… Ⅱ．①邵… ②沙… ③费… Ⅲ．①光催化—复合材料 Ⅳ．① TB33

中国国家版本馆 CIP 数据核字（2023）第 028520 号

责任编辑：范雨昕　　责任校对：高　涵　　责任印制：王艳丽

中国纺织出版社有限公司出版发行
地址：北京市朝阳区百子湾东里A407号楼　邮政编码：100124
销售电话：010—67004422　传真：010—87155801
http://www.c-textilep.com
中国纺织出版社天猫旗舰店
官方微博 http://weibo.com/2119887771
三河市宏盛印务有限公司印刷　各地新华书店经销
2023年4月第1版第1次印刷
开本：710×1000　1/16　印张：15.75
字数：302千字　定价：88.00元

凡购本书，如有缺页、倒页、脱页，由本社图书营销中心调换

前　言

二氧化钛是近年来被广泛研究的一种无机功能材料，碳材料因具有较大的孔隙率及比表面积而具有较强的吸附性能。纳米级的材料因存在表面效应和体积效应而具有许多独特的性能，广泛应用于光催化降解。在制备技术方面，二氧化钛与碳材料实现纳米尺度的复合，采用一步溶胶—凝胶法进行复合，减少了制备工序，缩短了制备时间，可明显提高经济效益。

气凝胶由于具有独特的纳米骨架颗粒和纳米孔径结构，在光催化降解有机印染废水的应用中，可实现吸附性能与光催化降解性能的协同共进，提升光催化降解效率。因此，研制具有高催化性能和强吸附效果的复合材料是国内外广大学者一直致力于解决的技术难题。

本书总结了作者十多年来在光催化降解材料领域的研究成果，系统介绍了二氧化钛/碳复合气凝胶的合成与表征、稀土元素掺杂对复合气凝胶光催化性能的影响及其在光催化降解酮麝香方面的研究。

本书共8章。第1章由邵霞执笔，简要介绍了复合气凝胶的发展历程、制备方法、基本性质、应用和发展趋势；第2章由邵霞执笔，主要介绍了二氧化钛/碳复合气凝胶的制备工艺、原料配方设计；第3章由沙云菲执笔，主要介绍了复合气凝胶的结构及光催化降解性能的影响因素；第4章由邵霞执笔，主要介绍了稀土元素铈、钕单掺和复掺对复合气凝胶结构和性能的影响；第5章由邵霞执笔，主要介绍了复合气凝胶光催化降解亚甲基蓝的研究；第6章由沙云菲执笔，主要介绍了胡萝卜素光催化降解反应研究；第7章由费婷执笔，主要介绍复合气凝胶光催化降解酮麝香的研究；第8章由邵霞执笔，主要采用数据挖掘的手段和方法对本书的研究成果展开理论计算和预报，为同类研究提供理论依据。全书由邵霞负责统稿和审校。

潘峰、郑励和杨欣参与了本书研究的数据收集与整理工作，在此表示诚挚的感谢。

鉴于作者的学识和水平有限，书中难免存在疏漏和不足之处，敬请广大读者批评指正。

著者

2023年1月

目 录

第1章　复合气凝胶

1.1　气凝胶的制备及应用

1.1.1　气凝胶的发展

气凝胶由纳米粒子或高聚物分子相互聚结组成，具有密度低、多孔等特性。气凝胶的主要成分是气体，周围由交联的三维网络固体结构组成。这种特殊的结构使气凝胶具有优良的性能，如具有非常低的密度，仅为空气密度的三倍，甚至可低至0.002g/cm³；高孔隙率，有的可高达80%～99.8%；高比表面积，可达200～1100m²/g。它是目前最轻的固态材料之一，又称为"固体烟雾"或"固体空气"。这些优良的性质使气凝胶拥有极佳的物理性质：极低的热导率、低的声音传播速率、好的透光性、优异的吸附性能等。

文献报道，1931年研究人员首次将传统凝胶中的液体替换为气体，运用溶胶—凝胶法和超临界干燥技术成功制备出了SiO_2、Al_2O_3、Fe_2O_3、NiO和WO_3气凝胶，并预言气凝胶将在催化、隔热、玻璃及陶瓷领域得到广泛应用。但是由于此制备过程需要经历溶剂交换、超临界干燥等复杂的过程，耗时久，使人们对这项研究望而却步，尘封了近三十年。

1968年，科研人员利用正硅酸甲酯（tetramethyorthosilicate, TMOS）为原料，经一步溶胶—凝胶法制备出了SiO_2气凝胶，由于在制备过程中没有生成无机盐，大幅缩短了制备周期，但是由于正硅酸甲酯（TMOS）有毒，限制了SiO_2气凝胶的发展。

1985年，研究工作者使用毒性较低的正硅酸乙酯（tetraethylorthosilicate，TEOS）代替了TMOS来制备SiO_2气凝胶，并把干燥温度降低到了室温，大幅提高了生产过程中的安全性，推动了气凝胶的商业化进展，使气凝胶有了长远的发展。

采用间苯二酚和糠醛为原料，碳酸钠为催化剂，经溶胶—凝胶法聚合得到水凝胶，再经过超临界干燥制得有机气凝胶。随后将有机气凝胶在惰性气氛中碳化得到碳气凝胶。这是气凝胶材料研究进展中的开创性举措，它不仅将气凝胶从无机界扩展到有机界，并且从电的不良导体扩展到了导电体。这一新发现引起各国科学家的热切关注，将研究方向转向了有机气凝胶和碳气凝胶。

到了20世纪90年代气凝胶成为全球研究的热点，美国、欧洲、日本等诸多国家以及巴斯夫（BASF）等大公司均对气凝胶投入巨资进行研究。国内外的学者致力于气凝胶的研究，在改进气凝胶的制备工艺方面进行探索性研究，便于其能真正应用于生产生活中。如今，国外已经将气凝胶应用于航天飞行器、宇航服、网球拍、登山鞋及建筑材料中，渐渐地贴近了人们的生活。现阶段，国内仅有少量企业在生产这种材料。随着气凝胶研究工作的进一步开拓，它的制备已不仅局限于单一的组成，复合化、多元化是气凝胶发展的方向。气凝胶及其复合气凝胶独特的性质使其应用范围越来越广泛，将涉及人类生活的各个方面。

碳气凝胶的制备方法主要为溶胶—凝胶法，制备过程主要经历有机凝胶制备、有机湿凝胶的干燥和有机气凝胶碳化三个步骤。随着碳气凝胶研究工作的深入，制备有机凝胶的原料从常见的间苯二酚和甲醛到三聚氰胺和甲醛、酚醛树脂和糠醛、线型高分子N-羟甲基丙烯酰胺与间苯二酚、混甲酚—甲醛和间甲酚—甲醛、2,4-二羟基苯甲酸与甲醛等，研究工作者均成功制备出了性能优异的碳气凝胶。有机湿凝胶的干燥方式有三种：超临界干燥、冷冻干燥和常压干燥。有机凝胶在惰性气氛下碳化得到碳气凝胶。

1.1.2 气凝胶的特殊性质

气凝胶具有独特的网络结构、足够低的密度、高的比表面积和孔隙率以及良好的透光性。气凝胶独特的网络结构及良好的弹性使其具有优良的声学性质，它的弹性模量会随外界压力增加而减小，其热导率在所有的固体材料中是最低的，而且质量轻，所以它是一种极好的隔热材料。声音在SiO_2气凝胶中的传播速率是100～300m/s，这在无机固体材料中也是极低的。影响声阻的因素有密度和声速，SiO_2气凝胶的密度和声音传播速度都是极低的，所以其声阻也是极低的，是理想的声学延迟或高温隔音材料。气凝胶能制成透明或半透明材料，太阳光可透过气凝胶材料，因此可阻止环境温度的热红外辐射。

1.1.3 气凝胶的应用

因气凝胶具备以上优良的性质，使其在航空、建筑、能源、催化、医药及电化学等诸多方面有着良好的应用前景。

1.1.3.1 在航空及高能物理方面的应用

SiO_2气凝胶质量轻、体积小，而隔热效果与传统绝热材料是等效的，因此在航空、航天领域具有重要地位。它可用作航空发动机的隔热材料，减轻了发动机的重量。Al_2O_3气凝胶有着比SiO_2气凝胶还优异的隔热性能，它可以耐2000℃的高温，是航天航空器上理想的隔热层。气凝胶由于其透明性，早在1981年就作为一种介质材料应用于切仑可夫（Cerenkov）探测器中。此外，气凝胶还可用来搜集宇宙尘埃。

1.1.3.2 在建筑和能源方面的应用

优良的隔热性能使气凝胶可以用作建筑材料，这样建造出来的房屋有很好的保温性，而且其良好的隔音性也可加强房屋隔音效果，一举两得。有的气凝胶是透明的，因而可以用在房屋的透明墙体或玻璃上。如果房屋是由一层气凝胶材料包围的，太阳光辐射入气凝胶层时，积聚了能量，由于气凝胶的隔热性能极好，所以能量聚集了起来，可以用来加热。在阿尔顿和瑞士这个概念已被用来设计双层的家庭住宅，节约了大量能源。

1.1.3.3 在催化剂和吸附方面的应用

气凝胶有着较高的比表面积、高孔隙率和良好的耐热性，以及在催化过程中表现出的优良的高选择性，这些特点使气凝胶作催化剂时表现出优良的活性和选择性，而且寿命高于普通催化剂。几乎所有用作催化剂的氧化物都可以制备成相应的氧化物气凝胶来作为催化剂。这对于二元或三元复合物、金属氧化物的混合体等催化剂也是适用的。NiO—La$_2$O$_3$—Al$_2$O$_3$气凝胶在CH$_4$/CO$_2$再生反应中有着优良的催化活性。气凝胶也可用作催化剂载体，由于其高比表面积能提供更多活性位，起到极其优良的作用，例如SiO$_2$或Al$_2$O$_3$气凝胶载以Fe$_2$O$_3$后所形成的催化剂，在Fischer–Tropsch法合成烷烃反应中的催化活性是普通Fe$_2$O$_3$催化剂活性的2~3倍。Ni/Al$_2$O$_3$气凝胶是有着高镍载量的催化剂，在一些反应中显示了很好的催化活性，而且其表面积和孔容积甚至优于之前的气凝胶。

气凝胶特殊的孔结构使其拥有了强吸附性能，是很好的吸附剂，可用于气体过滤器、吸附介质及污水处理等方面。例如，双组分气凝胶SiO$_2$—CaCl$_2$或SiO$_2$—LiBr气凝胶在吸附水蒸气方面表现出了优良的品质，每千克吸附剂可以吸附0.9~1.1kg水蒸气，在循环吸附过程中也表现出稳定的吸附能力。CaO—MgO—SiO$_2$气凝胶可用来捕获吸附燃气中的CO$_2$、SO$_2$气体。

1.1.3.4 在环保和电化学方面的应用

碳气凝胶由于有高的比表面积，又可导电，所以人们将其应用于电吸附和电容器，获得了良好的效果。如用碳气凝胶做电极材料来吸附水中杂质，进行水处理的过程，效果很好。由于以前水处理时一般采用离子交换，而这个过程会引起大量中间废物的产生，会增加成本。而电吸附是一个低电耗的过程，而且它是通过电脱附原位再生吸附剂，不采用热再生，节约了能源。而且由于不采用溶剂洗涤或化学药剂再生，是一种既清洁又环保的方法。

1.1.3.5 其他应用

气凝胶可以用作杀虫剂，它本身没有毒性，但是它附着在昆虫身体上可以把其体内的水分吸干而导致昆虫死亡。气凝胶由于其绝佳的隔热性能和极低的密度已应用于航空服。另外，气凝胶也是一种极好的声阻材料，还可用作化妆品中的除臭剂。

气凝胶优良的性质使其在各个领域都有很好的应用，以上阐述的只是部分应用领域，其他良好的应用仍有待开发。

1.2　复合材料及复合气凝胶的合成与表征

1.2.1　纳米材料的种类及性能

1.2.1.1　纳米材料的种类

（1）零维纳米材料

目前研究和生产最多的纳米材料是零维纳米材料，即纳米微粒，例如纳米银粉、纳米二氧化硅粒子等。纳米微粒一般指粒度在100nm以下的粉末或颗粒，是一种介于原子、分子与宏观物体之间处于中间物态的固体颗粒材料，包括结晶和非晶材料。纳米粉末按组成可分为无机纳米微粒、有机纳米微粒和有机/无机复合微粒。无机纳米微粒包括金属与非金属（半导体/陶瓷、铁氧体等），有机纳米微粒主要是高分子和纳米药物。纳米颗粒的基本特征主要有表面效应和体积效应。表面效应指的是随着粒度的减小，颗粒的比表面增大，表面能也随之增大。体积效应主要表现为小尺寸效应、量子化效应和宏观量子隧道效应。

纳米粉末是纳米体系的典型代表，一般为球形或类球形（与制备方法密切相关），它属于超微粒子范围（1～1000nm）；由于尺寸小、比表面大和量子尺寸效应等原因，它具有不同于常规固体的新特性，也有异于传统材料科学中的尺寸效应。纳米粒子既不同于微观原子、分子团簇，又不同于宏观体相材料，是介于团簇和体相之间的特殊状态，既具有宏观体相的元胞和键合结构，又具备块体所没有的崭新的物理化学性能，即它的光学、热学、电学、磁学、力学以及化学方面的性质和大块固体相比有显著的不同，从而使它在催化、粉末冶金、燃料、磁记录、涂料、传热、雷达波吸收、光吸收、光电转换、气敏传感等方面有巨大的应用前景，可作为高密度磁记录材料、吸波隐身材料、磁流体材料、防辐射材料、单晶硅和精密光学器件抛光材料、微芯片导热基片与布线材料、微电子封装材料、光电子材料、先进的电池电极材料、太阳能电池材料、高效催化剂、高效助燃剂、敏感元件、高韧性陶瓷材料、人体修复材料及抗癌制剂等。

（2）一维纳米材料

一维纳米材料是指在材料的三维空间尺度上有两维处于纳米尺度的线（管）状材料，通常是直径、管径或厚度为纳米尺度而长度较大。随着微电子学和显微加工技术的发展，使一维纳米材料有可能在纳米导线、开关、线路、高性能光导纤维及新型激光或发光二极管材料等方面发挥极大的作用，是未来量子计算机与光子计算机中极具潜力的重要元件材料。目前非常热门的一维纳米材料有：纳米丝、纳米线、纳米棒、纳米碳管、纳米碳（硅）纤维、纳米带、纳米电缆等。纳米丝（棒）的制备方法有许多，比如模板法，以分子夹层或空腔作模板来制备纳米线。利用激光刻蚀形成纳米量子线，日本松下公司、美国标准计量局及佛罗里达大学等在该方面做了大量工作，利用脉冲激光方法成功地制备了硅的一维纳米线和氮化硼纳米管。

（3）二维纳米材料

二维纳米材料是指由尺寸在纳米量级的晶粒（或颗粒）构成的薄膜以及每层厚度在纳米量级的单层或多层膜，有时也称为纳米晶粒薄膜和纳米多层膜。其性能强烈依赖于晶粒（颗粒）尺寸、膜的厚度、表面粗糙度及多层膜的结构，这也就是当今纳米薄膜研究的主要内容。与普通薄膜相比，纳米薄膜具有许多独特的性能。如具有巨电导、巨磁电阻效应、巨霍尔效应等。再如美国霍普金斯大学的科学家在SiO_2—Au的颗粒膜上观察到极强的高电导现象，当金颗粒的体积百分比达到某临界值时，电导增加了14个数量级；纳米氧化镁因薄膜经氯离子注入后，电导增加8个数量级。另外，纳米薄膜还可作为气体催化（如汽车尾气处理）材料、过滤器材料、高密度磁记录材料、光敏材料、平面显示材料及超导材料等，因而越来越受到人们的重视。目前，纳米薄膜的结构、特性、应用研究还处于起步阶段，随着纳米薄膜研究工作的发展，更多的结构新颖、性能独特的薄膜必将出现，应用范围也将日益广阔。

（4）三维纳米材料

纳米块体材料是将纳米粉末高压成型或烧结或控制金属液体结晶而得到的纳米材料，由大量纳米微粒组成的三维系统，其界面原子所占比例很高，微观结构存在长程有序的晶粒结构与界面无序态的结构。因此，与传统材料科学不同，表面和界面不再只被看作一种缺陷，而成为一重要的组元，从而具有高热膨胀性、高比热、高扩散性、高电导性、高强度、高溶解度及界面合金化、低熔点、高韧性和低饱和磁化率等许多异常特性，可以在表面催化、磁记录、传感器以及工程技术上有广泛的应用，可作为超高强度材料、智能金属材料等。所以，三维纳米材料成为当今材料科学、凝聚态物理研究的前沿热点领域。

纳米复合材料是随着科学技术的发展而涌现出的一种新型材料，它是由两种或两种以上性质不同的材料，通过各种工艺手段组合而成的复合体。由于各组成材料的协同作用，它具有单一材料无法比拟的优异综合性能，也有刚度大、强度高、重量轻等优点，可根据其作用条件的要求进行设计和制造，以满足各种特殊用途的需要。复合材料的结构是以一个相为连续相，称为基体，而另一相是以一定的形态分布于连续相中的分散相，称为增强体。如果增强体是纳米级的，如纳米颗粒、纳米晶片、纳米晶须、纳米纤维等，就称为纳米复合材料。纳米复合材料的强度和韧性比单组分纳米材料提高2~5倍。最新出现的纳米复合材料是由有机纳米和无机纳米复合而成的，如零维至一维的纳米壳核/壳结构，零维至二维的纳米粒子高分子膜等。

1.2.1.2　纳米材料的特性

纳米材料是由有限数量的原子或分子组成的、保持原来物质的化学性质并处于亚稳状态的原子团或者分子团。当物质的体积减小时，其表面原子数量相对比例增大，使位于表面的单原子的表面能迅速增大。此种形态的变化反馈到物质结构和性能上，就会显示出奇异的效应，主要可分为以下几种最基本的特性：小尺寸效应、表面效应、量子尺寸效应、宏观量子隧道效应、库仑堵塞与量子遂穿及介电限域效应。

人类对纳米材料的认识才刚刚开始，从其已表现出的种种奇异性能来看，纳米材料将成为人类前所未有的有用材料。纳米材料由于尺寸变小而体现出的独特性，给科学的发展和社会的进步创造了美好的前景。现如今寻找和创造制备纳米材料及对纳米材料的复合和组装的方法，是纳米科学领域中一个重要的课题。人们已了解，电纺丝技术是一个既简单又通用的制备微一维纳米材料的方法，溶胶—凝胶技术是能制备各种无机纳米材料的方法，如果将它们相互结合，将创造出更多、更新的具有特殊功能的纳米复合材料。

1.2.2 复合气凝胶及其合成

1.2.2.1 概述

数个研究团队为改善复合气凝胶生产工艺提供了思路，科学家的想法会使反应更加迅速或者让反应处于更小的外部压力和更低的环境温度下。劳伦斯国家实验室团队发明了一项快速的超临界萃取技术，它类似于喷射模型并且适合生产整体大体积的气凝胶。在这个过程中，溶胶被射入一个两件式密封高压模具，射流结束后迅速加热。在加热过程中使溶胶和凝胶定型。模具能够阻止凝胶网状结构在加热过程中的收紧。一旦高压下的流体变成超临界流体，应立刻减压。整个过程能在一个小时内完成，能够制成大批纯净的气凝胶。由于在高温工艺中凝胶网状结构的改进，这种工艺制成的气凝胶的弹性模量是传统方法制成的气凝胶的三倍。

1.2.2.2 复合气凝胶的合成方法

据文献报道，研究工作者曾用一种醇盐/乙醇的方法熟化了湿凝胶。由此得出，将固体材料添加到连接处和凝胶的小毛孔处使微观结构得到了相当程度上的强化。此时，湿凝胶已经足够坚硬到抵抗干燥过程中的毛细管压力。这样就制出密度可以低到240kg/m³的气凝胶。

另有文献报道了另一种方法。湿凝胶干燥时收缩，当临近的Si—OH基团压缩凝集并有Si—O—Si键形成时，凝胶的压缩凝集已成形，这样就将凝胶表面甲基硅烷化了。由于干燥引起的收缩，内表面基团发生了相互接触。但是，当液相凝胶形成相互独立的液滴并且不再有表面张力时，人们观察到一种反弹现象：由于邻近表面的甲硅烷基基团能够探测到非常小的活性，凝胶体就有可能再次膨胀，从而可以得到密度小到100kg/m³的凝胶。这种材料由于内表面存在甲硅烷基基团而具有很高的疏水性。在法兰克福的赫斯特公司，这种外压存在的干燥法成为一种大规模工业化生产凝胶的工艺技术。

1.2.2.3　碳基纳米复合材料的制备及应用

在众多纳米复合材料中，由于碳材料的低密度、化学稳定性、导电性，常被用作基体材料，将催化剂、磁性材料等功能纳米颗粒分散其中形成各种形貌的纳米复合材料，从而在催化、环保、能源等领域具有广阔的应用前景。自从发现碳纳米管和富勒烯以来，碳纳米结构材料一直是科研工作者所关注的一个焦点研究领域。碳材料主要有如下存在形式：炭黑、活性炭、碳纳米管、富勒烯、多孔碳及碳纤维等。尤其是由于碳材料的耐热性、耐溶剂性和着色性等优异性能，所以被用作油墨、涂料和塑料等的着色用黑色颜料。此外，由于碳材料的化学稳定性、生物相容性、良好导电性及较低密度，表面存在丰富的羧基、羟基、C—H等官能团，各种形貌（如实心碳球、空心碳球、多孔碳球等）多种成分（即碳与其他材料的复合材料，如金属—碳复合材料、氧化物—碳复合材料等）的碳基纳米复合材料也引起了大家的关注，并在锂离子电池、生物医药、电子等领域展现出潜在的应用前景。二氧化钛（俗称钛白）有锐钛矿型（anatase）、板钛矿型（brookite）和金红石型（rutile）三种晶型。锐钛矿型TiO_2在可见光短波部分的反射率比金红石型TiO_2高，并且对紫外线的吸收能力比金红石型TiO_2低，但金红石型比锐钛矿型更稳定而致密，有较高的密度、硬度、介电常数及折射率。因此锐钛矿型TiO_2常用于光催化领域，而金红石型TiO_2在涂料、颜料、油墨、精细陶瓷等领域有更广泛的用途。此外，TiO_2也常与其他纳米功能材料复合在一起。一方面可以解决上述纳米材料的聚集问题，另一方面也将TiO_2的一些性质，如光催化性质引入复合材料中。

纳米材料的制备可分为自上而下（top-down）和自下而上（bottom-up）两种路线。自上而下的构想是由大到小，将块体材料利用机械粉碎或研磨等方法，使块体的尺寸达到纳米尺度。自上而下的制备方法有机械粉碎法，即采用新型的高效超级粉碎设备，如高能球磨机、超音速气流粉碎机等将脆性固体逐级研磨、分级，再研磨、再分级，直至获得纳米粉体，适用于无机矿物和脆性金属或合金的纳米粉体的生产。自下而上的构想为由小到大，采用的前驱体是分子/原子，这些分子/原子通过化学反应而生成新的分子/原子。在表面活性剂的辅助下，这些新的分子/原子通过成核与晶体生长而形成各种形貌的纳米颗粒。由于化学反应较之于物理变化更易于控制，溶液中的自下而上的方法是目前较为常用的制备纳米复合材料的方法。

纳米材料自下而上的制备方法有以下几种。

（1）液相沉淀法

即将可溶性前驱体溶于水或其他溶剂中，采用添加沉淀剂、水解剂，或用蒸发、浓缩等方法使之沉淀，关键是控制核的生成速度与晶核的生长速度，并抑制颗粒在成核、生长、沉淀、干燥和煅烧过程中的团聚，获得纳米颗粒。

（2）气相水解法

即利用可蒸发或易升华物质受热形成气体或蒸汽，然后在惰性气体或稀释性气体保护下与水蒸气发生水解反应获得纳米粉体，该方法所得产物纯度高，可获得单一或混合氧化物。

（3）溶液蒸发法

将前驱体溶于水或其他溶剂，采用喷雾干燥、喷雾热解或冷冻干燥，获得相应金属氧化物纳米粉体。此法综合了气相法和液相法的优点，从溶液到粉体一步完成，工艺简单，反应周期仅需几秒。

（4）溶胶—凝胶法

其制备过程包括水解反应和聚合反应两个阶段。基本原理是：易于水解的金属盐或金属醇盐经过水解与缩聚反应逐渐凝胶化，再经干燥烧结等处理得到所需纳米材料。与其他制备方法相比，溶胶—凝胶法可以从分子水平设计和控制纳米材料的均匀性及颗粒尺寸，最后得到高纯、超细、尺寸均一的纳米材料。

（5）固相反应法

即不用水或其他溶剂，使两种或几种固体在室温或低温下混合、研磨或再煅烧，得到所需纳米粉体。此方法的特点为：工艺较简单，无污染或污染很少，产率高，能耗低，但获得的纳米粉体易结团，可以通过表面改性的方法解决，是很有前途的一类方法。简而言之，上述合成纳米材料的方法都可以用来合成纳米复合材料。

1.2.3　复合气凝胶的表征

气凝胶有着独特的三维网络结构，而且孔径较小，一般是中孔，也有大孔含量多的，其比表面积较之一般的多孔材料都大，这些特殊的性质也使其结构的表征比较复杂，一种或几种方法是不足以表征其化学结构和孔性质的，要把多种表征手段结合起来研究其性质，从而了解其合成机理，达到对其微观结构在纳米尺度上的控制和剪裁，为气凝胶在实际应用中提供理论基础和实验的依据。表征气凝胶结构的手段有多种，主要包括：透射电子显微镜（TEM）、扫描电子显微镜（SEM）、原位红外光谱（IR spectrum）、N_2吸附—脱附法、压汞法、核磁共振、X射线衍射（XRD）、热重—差热法、X射线光电子能谱（XPS）、拉曼光谱（Raman spectrum）等。

其中透射电子显微镜的分辨率在0.1nm左右，可观察气凝胶的形貌、结晶情况和直观的网络结构，也可大致评估孔径和粒径。扫描电子显微镜的分辨率则小于600nm，主要是用来观察气凝胶表面形貌，但是只提供微米、亚微米级和大尺寸纳米结构的信息。这些信息有助于实现对气凝胶结构的控制和剪裁。但是这两种方法都是对气凝胶部分区域的观察，均有一定的局限性，因此还要借助其他手段来研究气凝胶的结构。原位红外光谱可以分析气凝胶中官能团的存在形式，鉴定化合物分子结构组成。核磁共振联合傅立叶红外光谱可以从纳米水平了解气凝胶三维网络结构中交联键的形成过程，为研究合成机理提供依据。将热重—差热法与红外光谱结合起来可以研究气凝胶在热解过程中的官能团变化情况，从而了解其化学结构的演变过程。X射线衍射则可以给出气凝胶表面元素的含量及其存在形式，研究其结晶度，可计算出粒径大小，也可以与热重—差热法结合起来研究气凝胶在升温过程中的相变等。N_2吸附—脱附法和压汞法都是用来表征气凝胶孔结构的方法，N_2吸附—脱附法一般在微孔（< 2nm）和中孔（2～50nm）阶段测量准确，而大孔（> 50nm）含量多时则需要借助压汞法。

1.2.4　TiO_2/C复合材料的制备及应用

1.2.4.1　TiO_2/C复合材料的制备方法

TiO_2掺杂改性与制备方法有一定的关系，制备方法不同，催化的形状与尺寸、表面与结构也不尽相同。最直接的影响是掺杂碳的结构，例如掺杂C是存在于表面还是颗粒内部，以及是否产生新的键，其中干法和湿法区别很大，许多报道中有提到干法比较容易生成Ti—C的键，即碳取代TiO_2中氧的位置，可直接影响掺杂活性。

（1）水解法

文献报道用$TiCl_4$为原料加入四丁基氢氧化铵、葡萄糖和氢氧化钠，其中前两者为碳源。经过水解、陈化、干燥、煅烧几个步骤，制备的样品，比较其可见光活性，葡萄糖为原料有较好的催化效果。150h陈化时间的样品有最佳的光催化活性，相对纯TiO_2提高了8倍。另外，回收实验表明该样品很稳定，在5h光照反应后仍保留其80%以上的光催化活性。

（2）溶胶—凝胶法

溶胶—凝胶法是制备二氧化钛的常用方法，但是在掺碳TiO_2中应用比较少。用$Ti[O（CH_2）_3CH_3]_4$作原料，加入丙醇和$HClO_4$，在没有引入外来碳源的情况下，用溶胶—凝胶法制备C—TiO_2。实验表明，最佳的煅烧温度是250℃，低于或高于这个温度都会降低可见光催化活性。

（3）水热法

用水热法在较低的温度（160℃）下合成掺碳的TiO_2，该法得到的样品粒径达到8nm，比表面积达到126m²/g，吸收光谱有红移的现象，可见光催化实验显示其比未掺杂样品及商品二氧化钛（P25）均有优越性。

（4）干法

干法是比较早应用于掺碳TiO_2的方法，是指在某种气流下高温热处理TiO_2进行掺杂改性。以商业的TiC为原料，先在360℃下的空气气氛中温和地氧化36h，然后在660℃下的氧气气氛中煅烧5h，得到的是锐钛矿相的C—TiO_2。在光谱中有红移现象且在可见光下降解异丙醇方面有显著提高。采用类似的方法制备出C—TiO_2，并从XPS图中证实C取代O在TiO_2中的位置。在正己烷气流下不同的温度高温处理商业的TiO_2颗粒，制备出含碳量0.2%～0.85%的掺杂TiO_2，光谱显示掺杂后的样品与掺杂前的禁带宽度相比并没有改变。在对苯酚进行光降解实验发现，掺杂后的光催化效果并没有提高，但是对溶液的混浊度进行测试，发现对比纯TiO_2提高14倍之多。分析认为，掺杂碳后令样品表面性质从亲水变成憎水。

（5）机械力化学法

机械力化学法以一定的机械力处理使物质包覆在粉体上，实现表面修饰。选用氧化锆为材料的反应器，将锐钛矿和乙醇加入磨中，以700r/min的速度用不同的时间研磨，然后加热至200℃除去杂质，得到掺碳TiO_2。样品中同时出现Ti—C、C—O，在可见光照射下降解NO_x有优异的效果。

（6）气相沉积法

以Ti（OC_4H_9）$_4$为原料，在氩气气氛下，用化学气相沉积法制备了掺碳TiO_2纳米球和纳米管，并研究了温度、基板和气体流速的影响。升高温度（从500℃到750℃）对粒径的影响不大，但是会出现金红石相，增加流速会减小样品颗粒的直径，而不同基板（Ti、Al、Si、玻璃碳）对样品的性能影响不大。改变掺杂样品提高了光催化活性和可见光响应，对比P25有显著效果，特别是在可见光照下。

用直流磁控溅射的方法制备了碳改性的TiO_2薄膜。这种方法制备出的样品同时存在Ti—C和C—C，分别存在于晶格和表面。随着含碳量的增加，样品吸收光谱向长波长方向移动达到450nm，含碳量为9.3%时有最佳的光催化效果，可见光降解亚甲基蓝的速率常数达到$0.108h^{-1}$。

（7）阳极氧化法

采用电化学阳极氧化技术，以含有NH_4F、硫酸氢铵和柠檬酸铵溶液为电解液，在氧化电压（20V）下于纯钛表面制备了碳改性的TiO_2纳米管，并在500℃处理样品。掺碳样品的禁带宽度窄化到2.84eV，并在价带上1.30eV的位置增加了新的能带。导致光生电流的强度增加，并使其的光波达到红外的波长范围。

（8）其他方法

以TiC为原料，加入硝酸和乙醇，在60℃下搅拌12h，蒸馏水洗涤后在120℃下烘48h得到C—TiO_2样品。分析认为制备过程由以下反应进行。样品在可见光下降解亚甲基蓝方面比P25有更好的光催化效果。

$$TiC+8HNO_3 \longrightarrow TiO_2+8NO_2\uparrow +CO_2\uparrow +4H_2O$$

1.2.4.2　TiO_2/C复合材料的应用

TiO_2被广泛地用作光催化剂，因为它有着良好的光催化效果、化学稳定性、无毒无害、价格低廉等优点。纳米TiO_2不仅用于气相以及水溶液中有机污染物的降解、除臭、自洁净以及杀菌灭菌，还由于具有优良的光学和电子性质而用于光电转换。但是由于TiO_2比较宽的禁带宽度，只有太阳光中的少量紫外光（3%~5%）能够使TiO_2激发。为了能够增加其可见光的响应，人们通过金属与非金属的掺杂，多年的研究表明金属/金属氧化物或是金属离子掺杂的TiO_2，虽然能够显著降低带隙能级，实现了可见光的激发，但实际上都是在TiO_2的晶粒中增设了良好的电子—空穴复合点位，降低了光催化活性。由于非金属的掺杂能级接近价带边缘，同时又作为载流子，而且作为复合中心的倾向比金属小，比金属在提高可见光响应方面更有优势。人们开始对非金属掺杂进行大量研究，例如氮、碳、硫等。文献报道了N置换TiO_2晶格中少量O后具有可见光活性，揭开了非金属掺杂研究的序幕，但是他们预测C_{2p}在TiO_2中的禁带中位置过深，导致C_{2p}与O_{2p}很难重合。然而有研究工作者运用密度泛函计算，推测当C替代了TiO_2中O的位置（5%）后，轨道可以显著与O_{2p}重合，而且使禁带宽度变窄从而提高了可见光催化效果，从而发现TiO_2/C的可见光活性。随后有报道称，掺碳TiO_2可以在可见光照下分解水。这些报道引起大家的关注，许多科研工作者加入掺碳TiO_2的研究当中。

1.3 本书研究的内容及意义

1.3.1 本书研究的内容

本书在总结现有文献的基础上，选择了功能性强的TiO_2作为研究对象，运用有机/无机复合的制备思路和一步溶胶—凝胶法，确定制备条件及原料配方对气凝胶结构和性能的影响，以及与相应的TiO_2/C复合气凝胶进行对比研究。本书主要研究内容如下。

① 分别以钛酸四丁酯和四氯化钛两种钛源为前驱体制备不同TiO_2/C复合气凝胶，并通过对比研究其孔结构性能、微观形貌、对亚甲基蓝的紫外和可见光催化活性，比较两种钛源前驱体制备样品的性能差别以得到较佳的钛源前驱体，为后续研究奠定原料选择的基础。

② 在其他条件相同的情况下，通过改变TiO_2设计质量制备一系列样品，并对样品进行全面表征，研究影响样品孔结构性能、微观形貌、对亚甲基蓝的紫外和可见光催化活性的最佳合成配比，比较不同TiO_2设计质量对所制备样品的性能差别。

③ 在其他条件相同的情况下，改变络合剂乙酰乙酸乙酯与钛的摩尔配比制备一系列样品，通过研究其孔结构性能、微观形貌、对亚甲基蓝的紫外和可见光催化活性比较不同络合剂添加量对所制备样品的性能差别。

④ 在溶胶—凝胶过程中掺杂稀土元素铈（Ce）配制掺Ce复合气凝胶，同时改变稀土元素Ce的添加量制备一系列样品，通过研究其孔结构性能、微观形

貌、对亚甲基蓝的紫外和可见光催化活性，比较不同稀土元素添加量对所制备样品的性能差别。

⑤ 对所制备的样品进行全面表征，如采用XRD研究样品中TiO_2的晶型，采用SEM和TEM观察样品微观形貌和晶粒特征，采用原位红外表征样品的有机活性官能团，采用XPS表征样品表面原子价态，采用氮气吸附脱附曲线分析样品孔结构形态，采用拉曼光谱分析样品中TiO_2的结构与活性的关系，采用紫外—可见漫反射分析样品对不同波段光的吸收性能。

⑥ 通过添加自由基和空穴捕获剂分别在紫外光和可见光照下催化降解不同浓度亚甲基蓝实验，对比研究TiO_2/C复合气凝胶和掺铈TiO_2/C复合气凝胶的光催化活性，并探讨其对亚甲基蓝的紫外光和可见光催化降解的机理。

⑦ 通过研究TiO_2/C复合气凝胶对酮麝香的光催化降解，探索最佳的TiO_2/C复合气凝胶投入量及降解酮麝香的机理。

⑧ 通过支持向量机从理论上计算样品的光催化活性与原料之间的关系，并预测不同配方对材料光催化活性的影响。

1.3.2　本书研究的意义

目前对气凝胶研究比较多的是性能相对优越的SiO_2及其复合气凝胶以及碳气凝胶，对这两种气凝胶的应用研究也比较广泛，而其他气凝胶则在机理及应用方面的研究比较欠缺。对有机/无机复合气凝胶的研究也较少。TiO_2气凝胶由于其光催化性能优于SiO_2气凝胶而引起许多研究学者的关注，碳气凝胶也在许多方面显示出了优良的性质。将TiO_2和C复合则可以表现出更优异的性质。目前人们利用溶胶—凝胶技术制备出的氧化物气凝胶已有很多，据统计，已经研制出的无机氧化物气凝胶已有几十种之多，但在许多方面仍有不足。

① 经过溶胶—凝胶过程之后，人们一般采用超临界干燥工艺来得到气凝胶，这种方法对设备要求高，有一定的危险性，生产周期长，产量小，不适合大规模生产。

② 制备无机氧化物气凝胶一般采用金属醇盐作为前驱物，这种方法的优点

是反应快，省去了溶剂交换，周期较短，缺点是反应迅速水解过程不易控制，原料的价格昂贵，不利于大规模工业化生产。

与其他氧化物气凝胶相比，TiO_2气凝胶由于能耐2000℃的高温，且具有很高的催化活性等特性，在有机印染废水处理方面具有潜在的应用前景。此外，随着科学技术的发展，单一性质的材料已经不能满足人们的需要，复合化是材料发展的趋势。通过两种或多种材料的功能复合、性能互补和优化，可以制备出性能优异的复合气凝胶材料。复合气凝胶材料的性质，不仅是组成成分性能的简单加和，而且常表现出其他优良的性质。

因此，本书拟采用有机/无机复合的制备思路，在溶胶—凝胶过程中采用有机/无机复合的方法得到复合气凝胶，利用有机、无机组分之间反应的相互促进作用进行结构控制，再经碳化得到无机/碳气凝胶。这种新的方法由于引入了有机族群将会改善氧化物气凝胶的某些性质。使用这种方法最主要的原因还有在不改变气凝胶原有优良性质的前提下可以改善和提高气凝胶的性质。而且前驱体使用的是无机盐，避免了昂贵的金属醇盐，另一个重要的目的就是确定制备条件对气凝胶结构和性能的影响。

1.3.3 本书研究的创新点

① 揭示出TiO_2纳米粒子均匀嵌套在无定形基底碳材料之中，从纳米尺度阐明TiO_2/C复合气凝胶的孔结构及其影响因素。

② 提出一步溶胶—凝胶法对制备具有优异光催化性能的TiO_2/C复合气凝胶的可行性，其中无定形碳的存在更有利于碳碳键的裸露，进而更有利于碳与钛的牢固结合。

③ 采用溶胶—凝胶将过渡元素Ce掺杂引入TiO_2/C复合气凝胶中，并研究稀土元素Ce的掺入及掺入量对材料光催化活性的影响及影响机制。

第2章 二氧化钛/碳复合气凝胶的合成设计与表征

2.1 二氧化钛/碳复合气凝胶的制备与活性评价用试剂

2.1.1 制备用主要试剂

制备各类复合气凝胶所用的主要试剂见表2-1。

表2-1 制备用主要试剂

名称	分子式	规格	生产厂家
四氯化钛	$TiCl_4$	分析纯	上海凌峰化学试剂有限公司
钛酸四丁酯	$C_{16}H_{36}O_4Ti$	分析纯	国药集团化学试剂有限公司
1,2-环氧丙烷	C_3H_6O	分析纯	上海凌峰化学试剂有限公司
乙酰乙酸乙酯	$C_6H_{10}O_3$	分析纯	上海凌峰化学试剂有限公司
硝酸铈	$Ce(NO_3)_3 \cdot 6H_2O$	分析纯	国药集团化学试剂有限公司
无水乙醇	C_2H_5OH	分析纯	上海凌峰化学试剂有限公司
间苯二酚	$C_6H_6O_2$	分析纯	上海凌峰化学试剂有限公司
糠醛	$C_5H_4O_2$	分析纯	上海凌峰化学试剂有限公司
正己烷	C_6H_{14}	分析纯	上海凌峰化学试剂有限公司

2.1.2 活性评价用主要试剂

对所制备的一系列TiO_2/C复合气凝胶进行紫外光和可见光催化降解亚甲基蓝

用以评价复合气凝胶的活性及其降解机理，活性评价所用主要试剂见表2-2。

表2-2 活性评价用主要试剂

名称	分子式	规格	生产厂家
复合气凝胶	TiO_2/C	—	自制
亚甲基蓝	$C_{16}H_{18}ClN_3S$	分析纯	国药集团化学试剂有限公司

2.2 二氧化钛/碳复合气凝胶的制备与活性评价用设备

2.2.1 制备用主要设备

制备TiO_2/C复合气凝胶及掺铈TiO_2/C复合气凝胶主要用到的仪器设备见表2-3。

表2-3 制备用主要仪器设备

名称	仪器型号	生产厂家
电子天平	Sartorius–ISO9001	Sartorius（德国）
水浴锅	HH–S	上海索谱仪器有限公司
集热式磁力搅拌器	DF–101S	上海羌强仪器设备有限公司
超临界干燥反应釜	WHFS–5	威海自控反应釜有限公司
竖式碳化炉	SX2–12–12	上海祖发实业有限公司
马弗炉	JQF1800	司阳精密设备（上海）有限公司

2.2.2 活性评价用主要设备

对TiO_2/C复合气凝胶进行活性评价需要用到光反应仪、紫外—可见分光光度计等设备，活性评价过程中用到的主要仪器设备见表2-4。

表2-4 活性评价用主要仪器设备

名称	仪器型号	生产厂家
光化学反应仪	BL–GHX–V	上海比朗仪器有限公司

续表

名称	仪器型号	生产厂家
紫外—可见分光光度计	TU-1801	北京普析通用仪器有限公司
一次性过滤针筒	10mL	国药集团化学试剂有限公司
一次性过滤器	13 mm × 0.45μm	国药集团化学试剂有限公司
超声振荡器	DL-1800E	上海五相仪器仪表有限公司
电子天平	Sartorius–ISO9001	Sartorius（德国）

2.3　二氧化钛/碳复合气凝胶的合成设计

材料合成配方设计对材料性能起至关重要的作用，为了制备出性能优异的材料并寻求最佳合成配方，本研究依照不同设计思路从不同维度考察影响材料性能的因素及影响规律。为方便后面章节的讨论，本节所有配方中样品编号即为后续相应章节中的样品标记。合成配方中均为相应原料的质量。

2.3.1　不同钛源前驱体的合成设计

为了考察不同钛源前驱体对复合气凝胶性能的影响，本研究分别选择四氯化钛和钛酸四丁酯两种钛源作为TiO$_2$的前驱体，并设计三种不同以TiO$_2$计的前驱体质量制备一组样品，该组样品配方见表2-5。

表2-5　不同钛源前驱体制备样品配方　　单位：g

样品编号	钛源前驱体	乙酰乙酸乙酯[①]	间苯二酚	糠醛	环氧丙烷[②]	无水乙醇	TiO$_2$设计质量
a[③]-TiO$_2$/C（2.65）	6.29	2.59	3.64	6.36	11.56	75.85	2.65
a-TiO$_2$/C（3.80）	9.02	3.71	3.64	6.36	16.58	69.71	3.80
a-TiO$_2$/C（5.31）	12.61	5.19	3.64	6.36	23.16	61.64	5.31
b[④]-TiO$_2$/C（2.65）	11.29	2.59	3.64	6.36	11.56	75.85	2.65

样品编号	钛源前驱体	乙酰乙酸乙酯①	间苯二酚	糠醛	环氧丙烷②	无水乙醇	TiO₂设计质量
b–TiO₂/C（3.80）	16.19	3.71	3.64	6.36	16.58	69.71	3.80
b–TiO₂/C（5.31）	22.62	5.19	3.64	6.36	23.16	61.64	5.31

①乙酰乙酸乙酯与钛的摩尔比为0.6；②环氧丙烷与钛的摩尔比为6；③指钛源前驱体为四氯化钛；④指钛源前驱体为钛酸四丁酯。

2.3.2 不同钛源前驱体含量的合成设计

根据对两种钛源前驱体制备样品性能的研究，发现以四氯化钛为钛源前驱体制备的样品性能优于以钛酸四丁酯为钛源制备的样品性能，基于此，为了考察不同TiO₂设计质量对样品性能的影响，本研究以四氯化钛为钛源前驱体，依照不同TiO₂设计质量合成制备一组样品，便于深入研究钛源前驱体含量对样品结构和性能的影响，该组样品配方见表2-6。

表2-6 不同TiO₂设计质量制备样品配方 单位：g

样品编号	四氯化钛	乙酰乙酸乙酯①	间苯二酚	糠醛	环氧丙烷②	无水乙醇	TiO₂设计质量
TiO₂/C–1	6.29	2.59	3.64	6.36	11.56	75.85	2.65
TiO₂/C–2	7.19	2.96	3.64	6.36	13.22	73.82	3.03
TiO₂/C–3	9.02	3.71	3.64	6.36	16.58	69.71	3.80
TiO₂/C–4	11.70	4.82	3.64	6.36	21.51	63.67	4.93
TiO₂/C–5	12.61	5.19	3.64	6.36	23.16	61.64	5.31

①乙酰乙酸乙酯与钛的摩尔比为0.6；②环氧丙烷与钛的摩尔比为6。

2.3.3 不同络合剂含量的合成设计

在本书的实验配方设计中，络合剂乙酰乙酸乙酯是较为重要的组分，为了考察乙酰乙酸乙酯含量对样品性能的影响，依据上组样品性能研究发现，当二氧化钛设计质量为3.80g时，样品综合性能最好，因此改变乙酰乙酸乙酯与钛的摩尔比设计制备一组样品，该组样品合成设计配方见表2-7。

表2-7　不同络合剂含量制备样品合成配方　　　　　　　　　单位：g

样品编号	四氯化钛①	乙酰乙酸乙酯	间苯二酚	糠醛	环氧丙烷②	无水乙醇	EA/Ti③
TiO₂/C-1	9.02	0.62	3.64	6.36	16.57	72.80	0.1
TiO₂/C-2	9.02	1.86	3.64	6.36	16.57	71.56	0.3
TiO₂/C-3	9.02	3.09	3.64	6.36	16.57	70.33	0.5
TiO₂/C-4	9.02	4.33	3.64	6.36	16.57	69.09	0.7
TiO₂/C-5	9.02	5.57	3.64	6.36	16.57	67.85	0.9

①固定二氧化钛的设计质量为3.80g；②环氧丙烷与钛的摩尔比为6；③EA为乙酰乙酸乙酯的英文缩写。

2.3.4　不同掺铈量的合成设计

过渡金属元素的加入有利于降低TiO_2的电子空穴对能垒，从而提高TiO_2/C复合气凝胶的光催化活性。为了考察过渡金属元素铈的掺入及掺入量对材料性能的影响及影响规律，本研究以硝酸铈为载体采用一步溶胶—凝胶法制备掺铈TiO_2/C复合气凝胶，该组样品合成配方见表2-8。

表2-8　不同掺铈量制备样品合成配方　　　　　　　　　单位：g

样品编号	四氯化钛①	乙酰乙酸乙酯②	间苯二酚	糠醛	环氧丙烷③	无水乙醇	硝酸铈④
TiO₂/C-Ce%-0	9.02	3.71	3.64	6.36	16.58	69.71	0
TiO₂/C-Ce%-1	9.02	3.71	3.64	6.36	16.58	69.71	0.04
TiO₂/C-Ce%-2	9.02	3.71	3.64	6.36	16.58	69.71	0.08
TiO₂/C-Ce%-3	9.02	3.71	3.64	6.36	16.58	69.71	0.12
TiO₂/C-Ce%-4	9.02	3.71	3.64	6.36	16.58	69.71	0.16
TiO₂/C-Ce%-5	9.02	3.71	3.64	6.36	16.58	69.71	0.20

①二氧化钛设计质量为3.80 g；②乙酰乙酸乙酯与钛的摩尔比为0.6；③环氧丙烷与钛的摩尔比为6；④硝酸铈占二氧化钛的质量百分比分别为0、1%、2%、3%、4%、5%。

2.3.5 不同掺钕量的合成设计

为了考察掺杂不同比例的稀土离子钕复合气凝胶对光催化性能及其性质的影响，本研究采用以间苯二酚和无水碳酸钠为原料，甲醛为催化剂，首先制得碳杂化气凝胶，再以四氯化钛为前驱体，硝酸钕为掺杂剂，无水乙醇为溶剂，通过浸渍法制得具有介孔结构的掺钕的二氧化钛碳杂化气凝胶材料。具体配方见表2-9。

表2-9　不同掺钕量制备样品合成配方　　　　　　　单位：g

样品编号	间苯二酚	甲醛（37%）	无水碳酸钠	去离子水	四氯化钛	硝酸钕
TiO_2/C-Nd%-1	7.185	3.91	0.007	18.73	2.375	0
TiO_2/C-Nd%-2	7.185	3.91	0.007	18.73	2.375	0.02
TiO_2/C-Nd%-3	7.185	3.91	0.007	18.73	2.375	0.04
TiO_2/C-Nd%-4	7.185	3.91	0.007	18.73	2.375	0.06
TiO_2/C-Nd%-5	7.185	3.91	0.007	18.73	2.375	0.08
TiO_2/C-Nd%-6	7.185	3.91	0.007	18.73	2.375	0.10

2.3.6 不同铈、钕双掺杂量的合成设计

为了考察掺杂不同比例的稀土离子铈和钕双掺杂复合气凝胶对光催化性能及其性质的影响，本研究采用以间苯二酚和无水碳酸钠为原料，甲醛为催化剂，首先制得碳气凝胶，再以四氯化钛为前驱体，硝酸钕和硝酸铈为掺杂剂，无水乙醇为溶剂，通过浸渍法制得具有介孔结构的铈钕双掺杂的TiO_2/C复合气凝胶。具体配方见表2-10。

表2-10　铈钕双掺杂制备样品合成配方　　　　　　　单位：g

样品编号	间苯二酚	甲醛（37%）	无水碳酸钠	四氯化钛	硝酸钕	硝酸铈
TiO_2/C-Ce5%-Nd0	7.185	3.91	0.007	2.375	0	0.277
TiO_2/C-Ce4%-Nd1%	7.185	3.91	0.007	2.375	0.055	0.220

样品编号	间苯二酚	甲醛（37%）	无水碳酸钠	四氯化钛	硝酸钕	硝酸铈
TiO$_2$/C-Ce3%-Nd2%	7.185	3.91	0.007	2.375	0.110	0.163
TiO$_2$/C-Ce2%-Nd3%	7.185	3.91	0.007	2.375	0.165	0.110
TiO$_2$/C-Ce1%-Nd4%	7.185	3.91	0.007	2.375	0.224	0.054
TiO$_2$/C-Ce0-Nd5%	7.185	3.91	0.007	2.375	0.277	0

2.4 二氧化钛/碳复合气凝胶的制备

2.4.1 二氧化钛气凝胶的制备

TiO$_2$气凝胶的制备一般采用钛的醇盐或无机盐通过溶胶—凝胶过程来制备。其水解、醇解和缩聚的反应如下：

水解反应：

$$Ti(OR)_4 + xH_2O \longrightarrow Ti(OR)_{4-x}(OH)_x + xROH$$

失水缩聚：

$$—Ti—OH + HO—Ti— \longrightarrow —Ti—O—Ti— + H_2O$$

失醇反应：

$$—Ti—OR + HO—Ti— \longrightarrow —Ti—O—Ti— + ROH$$

在水解、醇解过程中会形成Ti—OH键，失水缩聚反应时Ti—OH之间或Ti—OH和Ti—OR之间脱水、脱醇或脱酸生成TiO$_2$，当然这个过程是复杂的，基本的单元粒子又会形成三维网络结构。

本章中用环氧丙烷作为网络凝胶诱导剂，已经有人研究过环氧丙烷在凝胶过程中的作用，发现环氧丙烷是一种非常有效的吸质子物质，前驱体四氯化钛所提供的氯离子作为亲核试剂攻击接受了质子的环氧丙烷，使它发生了不可逆的开环反应，在实验中也发现该步骤会放出大量的热。实验中发现，添加网络凝胶诱导剂之后pH慢慢上升，发生凝胶前pH约为6.7，证明了溶胶的确是从酸性慢慢变成中性的。而且用氨水做了对比实验，发现尽管使用氨水时凝胶也会发生，但是最后无法得到气凝胶，说明环氧丙烷并不是像氨水等碱溶液那样仅起到改变体系酸度的作用，而是同时起到了诱导溶胶中网络结构的形成并使之更加牢固的作用。中南大学的研究也认为环氧丙烷在反应中通过开环来实现钛溶胶的凝胶化，在Ti^{4+}的作用下环氧丙烷发生了不可逆的开环反应，形成具有高化学活性的自由基$C_3H_7O\cdot$，加速了水合钛离子之间的缩聚反应速率。

2.4.2 碳气凝胶的制备

碳气凝胶是由有机气凝胶经过高温碳化得来的，有机气凝胶最早通过多功能的有机单体在溶液中发生聚合反应，再经过超临界干燥得到的。间苯二酚/甲醛（RF）和密胺/甲醛（MF）是用来制备有机气凝胶经常使用的前驱体，一般以碳酸钠或氢氧化钠作为催化剂。以间苯二酚和甲醛为例，图2-1为聚合过程中可能发生的反应。

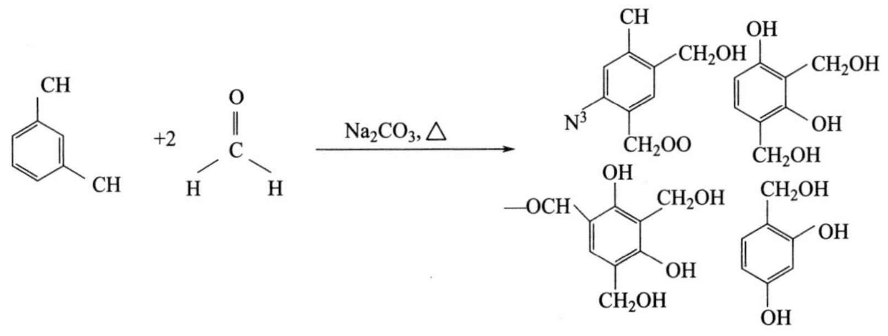

图2-1　间苯二酚/甲醛为前驱体的聚合反应过程

2.4.3 二氧化钛/碳复合气凝胶的制备

本书复合气凝胶的制备主要由溶胶的制备、溶胶的老化、溶剂交换、超临界干燥、碳化五个步骤组成，具体操作如下。

2.4.3.1 溶胶的制备

将间苯二酚加入搅拌中的无水乙醇和糠醛溶液中，充分搅拌溶解后制成溶液A；将钛源前驱体溶液逐滴滴入无水乙醇和乙酰乙酸乙酯的混合液中，在冰浴状态下逐滴滴加环氧丙烷，制成溶液B；在冰浴状态和搅拌下将溶液A逐滴加入溶液B中，继续搅拌后得到溶胶，装入30mL的管制瓶中封口后在室温下静置1～2d，溶胶—凝胶过程如图2-2所示。

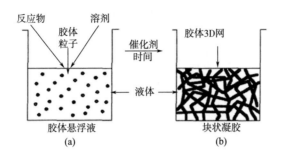

图2-2 溶胶—凝胶过程

2.4.3.2 溶胶的老化

将静置后所得的溶胶放入70℃的恒温水浴锅中，老化5~7d后得到湿凝胶，溶胶—凝胶老化过程如图2-3所示。

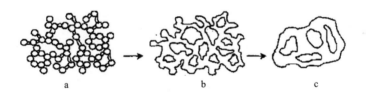

图2-3 老化过程中凝胶结构的变化示意图

2.4.3.3 溶剂交换

用环氧丙烷浸泡老化后的凝胶样品，置换出其中的水和氯离子得到TiO_2/有机湿凝胶，共置换5～10d。

2.4.3.4 超临界干燥

对所得到的TiO_2/有机湿凝胶在高压釜中进行超临界干燥得到TiO_2/有机复合气凝胶。超临界干燥所用的干燥介质为正己烷，TiO_2/有机复合气凝胶在干燥介质临界压力下保持1h，达到临界温度后继续保持1h，再进行泄压，泄压速度控制在将釜内压力从临界压力下降为零所需时间为1~2h，超临界干燥用高压釜示意图如图2-4所示。

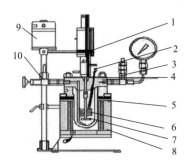

图2-4 超临界干燥用高压釜

1—磁力耦合器 2—测温元件 3—压力表/防爆膜装置 4—釜盖 5—釜体 6—内冷却盘管
7—推进式搅拌器 8—加热炉装置 9—电动机 10—针形阀

2.4.3.5 碳化

对所得的TiO_2/有机复合气凝胶在碳化炉中，在氮气氛围保护下控制升温速率为2℃/min，使碳化炉温度从室温升至800℃，并在氮气氛围保护下保持3h，最终得到TiO_2/C复合气凝胶材料，具体制备流程如图2-5所示。

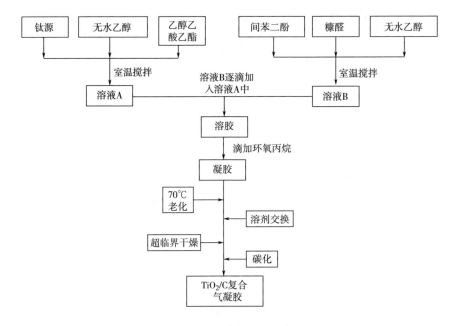

图2-5 TiO_2/C复合气凝胶制备流程

2.5　二氧化钛/碳复合气凝胶的测试与表征

2.5.1　密度的计算

用游标卡尺测量碳化后得到的圆柱形气凝胶的高度h（mm）与直径d（mm），用电子天平测量气凝胶的质量m（g），体积计算公式为：

$$V = \frac{\pi d^2 h}{4}$$

密度的计算公式为：

$$\rho = \frac{m}{V}$$

根据以上公式计算出碳化后复合气凝胶的密度。

2.5.2　X射线衍射

X射线衍射测试是确定物质组成、测试材料的晶体结构和进行物相分析等的有效的一种方法。本研究的测试是在日本Rigaku公司的D/MAX2000型X射线衍射仪上进行，条件为Cu靶，扫描范围10°~80°，扫描速度5°/min。

2.5.3　扫描电子显微镜

SEM是用来表征气凝胶的表面微观形貌、孔结构分布及气凝胶微观交联结构，本书采用日本电子株式会社的quanta Fec 450来进行测试，加速电压为30kV。先将样品在玛瑙研钵中研成粉末，然后从中取少量样品用导电胶固定在样品台上进行测试。

2.5.4　透射电子显微镜和能谱仪

TEM的分辨率高于SEM，可以用来观察气凝胶的内部交联结构，大致地估量气凝胶的孔径及粒径。将样品在玛瑙研钵中充分研磨后，用超声波分散在乙醇中配成悬浮液，然后滴在铜网上进行测试，本研究用到的仪器是日本Jeol公司生产的JEM-2011，加速电压为200kV。TEM配带的能谱仪EDS可以进行成分分析，测出材料中所含元素及各元素之间的比例。

2.5.5　氮气吸附—脱附等温线

N_2吸附—脱附等温线测试是表征材料的孔结构最常用的一种方法，可以得到材料的比表面积、孔径分布、平均孔径和孔容等。本研究是在ASAP2020物理吸附仪上测定的。测试前先将气凝胶置于研钵中充分研磨，称取约0.1g样品，在200℃真空条件下进行10h预脱气处理，之后以液氮为吸附介质，在77K下测试不同压力（相对压力范围为0~1.0）下复合气凝胶对N_2的吸附和脱附体积，得到样品的吸附—脱附等温线。复合气凝胶的比表面积和孔径分布分别由BET模型和BJH得到，外表面积和微孔孔容通过t-Plot法计算得到，中孔孔容则是利用DFT模型计算2~50nm的累积孔容得到。

2.5.6　压汞分析

本研究的压汞实验是在美国康塔公司GT33型压汞仪上测定的。测试前将气凝胶切割成小块，称取适量样品，放入样品管中。然后先将样品管放入低压站中，进行抽真空处理，然后增压，将汞注入样品管中；再将样品管转移至高压站，增压继续注汞。通过测量注汞体积来计算孔的总体积，通过注汞压力（压力与孔的净宽成反比）与注汞量的关系得到样品的孔径分布。

2.5.7　紫外—可见漫反射图

紫外—可见漫反射主要测试在一定波长范围内材料的吸光度值，用于分析气凝胶在特定波长下具有较优异的吸附特性。采用日本岛津（SHIMADZU）UV-3600型紫外—可见分光光度计及附件积分球测试样品的紫外—可见漫反射吸收；固态样品的测试以非吸收物质硫酸钡（$BaSO_4$）为参比物；液态样品的测试采用比色皿以去离子水为参比物。计算机通过接口与分光光度计连接，自动传输、采集光谱数据。本研究主要考察200~800nm波长范围内样品的吸光度。

2.5.8 原位红外光谱图

分子的振动能量比转动能量大，当发生振动能级跃迁时，不可避免地伴随转动能级的跃迁，所以无法测得纯粹的振动光谱，只能得到分子的振动—转动光谱，这种光谱又称红外吸收光谱。红外光谱法主要研究在振动中伴随有偶极矩变化的化合物，因此，除了单原子和同核分子如O_2、H_2等之外，几乎所有有机化合物在红外光区都有吸收。红外吸收带的波长位置与吸收谱带的强度反映出分子结构的特点。红外光谱用于纳米TiO_2的表征主要是根据吸收谱带的强度判断表面羟基的含量，也可以根据是否产生新的吸收谱带来判断新基团或新物质的引入。傅里叶红外光谱可以通过吸收谱带的波数位置、波峰的数目及程度反映分子结构的特点，鉴定化合物分子结构和化学基团等。本书采用德国BRUKER生产的TENSOR27原位红外仪上进行测试，先将样品用KBr研磨压片后进行扫描，扫描范围为500~4000cm^{-1}。

2.5.9 拉曼光谱图

当光照射到物质上时，会发生非弹性散射。散射光中除有与激发光波长相同的弹性成分（瑞利散射）外，还有比激发光波长长的和短的成分，后一现象统称为拉曼（Raman）效应。由分子振动、固体中的光学声子等元激发与激发光相互作用产生的非弹性散射称为拉曼散射。拉曼散射与晶体的晶格振动密切相关，只有对一定的晶格振动模式才能引起拉曼散射。纳米材料中的颗粒组元与界面组元由于有序程度有差别，两种组元中对应同一种键的振动与响应的体相不同。这样就可以通过分析纳米材料和体相材料拉曼光谱的差别来研究纳米材料的结构和键态的特征。关于纳米TiO_2与体相TiO_2在拉曼光谱上表现的差异有两种解释：一是颗粒大小的影响；二是氧缺位的影响。纳米TiO_2颗粒的大小不同对拉曼光谱有很大的影响，主要表现在峰高和峰位的移动。本研究在美国Nicolet380型拉曼光谱仪上进行测定，扫描范围150~1800cm^{-1}。

2.5.10　X射线光电子能谱

X射线光电子能谱仪可通过元素的激发态测试样品的表面电子及价态，可用于分析生成物中各元素的价态形式。本书的样品是在英国Kratos生产的Axis Ultra DLD型X射线光电子能谱仪上进行测试，单色化Al靶，全谱通能为160eV，元素谱通能为40eV。

2.6　二氧化钛/碳复合气凝胶的活性评价实验

2.6.1　目标降解物的确定

目前研究已经表明纳米TiO_2对有机物，如甲基橙、亚甲基蓝、苯酚、水杨酸、罗丹明B等；无机物，如含SO_3^{2-}、$Cr_2O_7^{2-}$、NO_3^-和汞、镉、铅等金属离子都有降解作用。

亚甲蓝又称亚甲基蓝、次甲基蓝、次甲蓝、美蓝、品蓝、甲烯蓝、瑞士蓝（Swiss blue），是一种芳香杂环化合物，被用作化学指示剂、染料、生物染色剂和药物使用。亚甲基蓝的水溶液在氧化性环境中呈蓝色，但遇锌、氨水等还原剂会被还原成无色形态。它是多种染料的主体结构，是一种具有代表性的有机染料化合物，同时也是一种较难降解的偶氮类有色化合物，通常在染料废水中大量存在。通过光催化剂对亚甲基蓝进行氧化还原反应，使其褪色，利用分光光度计测试其氧化还原（降解）后的吸光度值，从而分析光催化剂的氧化还原能力。

为确定亚甲基蓝的最大吸收波长，进而确定本实验用分光光度计使用波长并验证其精度，首先对5mg/L、10mg/L和20mg/L三种不同浓度的亚甲基蓝在精度较高的澳大利亚GBC紫外—可见分光光度计上进行测试，测试结果为最大吸光度分别为0.609、1.223和2.35，最大吸收波长分别为660.1nm、660.8nm和660.6nm。表明亚甲基蓝最大吸收波长在660nm附近，随后在本研究用北京普析通用有限公司生产的TU-1810紫外—可见分光光度计上进行对比测试，测试结果分别为0.612、1.224和2.351，表明本研究用分光光度计与澳大利亚GBC紫外—可见分光光度计在0.01量度级别上，精度相当。表明亚甲基蓝在660nm处有最大吸收峰，因此后续的实验中均采用660nm作为分光光度计的工作波长。

图2-6为TU-1810紫外—可见分光光度计在波长660nm处测定的亚甲基蓝浓度与吸光度的关系，其中去离子水作为亚甲基蓝0浓度，其吸光度为0.021。

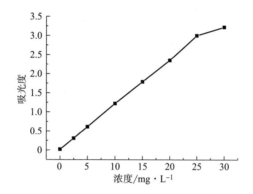

图2-6 亚甲基蓝浓度与吸光度的关系

由图2-6可以看出，亚甲基蓝溶液浓度在25mg/L范围内吸光度与浓度有很好的线性关系，超过30mg/L时其吸光度值超过本实验用分光光度计（北京普析通用仪器有限公司生产）量程。

综合上述实验与分析，采用浓度为10mg/L（吸光度为1.224）和20mg/L（吸光度为2.351）的亚甲基蓝作为目标降解物，用TU-1810紫外—可见分光光度计在波长660nm处测试反应试液的吸光度，以研究样品的光催化性能是可行的。

2.6.2　光催化反应装置

光催化反应在上海比朗仪器有限公司生产的BL-GHX-V光反应仪（图2-7）中进行，以50mL圆柱形石英玻璃管作为反应容器，采用300～1000W可调高压汞灯作为紫外光源和300～1000W可调高压氙灯作为可见光光源。光源置于石英冷阱中，通入冷却水循环以避免光源温度过高受损并保证环境温度的一致性。八个石英玻璃管等距地分布于光源周围，与光源距离固定为100mm。

图2-7　光催化反应装置

2.6.3　评价实验

因亚甲基蓝溶液浓度在0~25mg/L范围内时与吸光度成正比，亚甲基蓝浓度采用10mg/L和20mg/L，以其吸光度反映浓度，通过TU-1810型紫外—可见分光光度计测定降解前后反应液吸光度研究样品光催化性能，反应环境温度控制在20℃。

2.6.3.1　暗态实验

本研究分别采用制备的样品进行暗态试验。在无光源照射条件下，将样品40mg放入50mL浓度为20mg/L的亚甲基蓝溶液中，避光条件下超声波振荡10min构成悬浮体系，放置于无光环境。开启光源后分别每隔15min取样。样品经过滤器过滤后，取过滤后澄清反应试液，用分光光度计在波长660nm处测试反应试液的吸光度。

2.6.3.2　空白实验

本研究采用在不加入光催化剂，将50mL浓度20mg/L的亚甲基蓝溶液置于光催化反应装置中，分别在暗反应30min及光源开启后每隔15min取样，用分光光度计在波长660nm处测试反应试液的吸光度。结果表明本实验条件下，未加入光催化剂的样品经150min光照后降解效果不明显。

2.6.3.3 复合气凝胶光催化活性实验

将所制备样品依照实验设计添加量加入光催化反应装置中，以50mL浓度为10mg/L和20mg/L的亚甲基蓝作为目标降解物进行降解实验，以考察其光催化性能。将不同质量的样品放入亚甲基蓝溶液中，光照前混合液先经超声混合10min，再避光搅拌30min，以达吸附—脱附平衡。光照开始后继续高速搅拌，每隔15min移取5mL悬浊液，经有机相过滤器（13mm×0.45μm）过滤移取过滤后的清液，使用北京普析通用仪器有限公司生产的TU-1810型紫外—可见分光光度计测定其在660nm处的吸光度。

2.6.4 二氧化钛/碳复合气凝胶的活性评价

2.6.4.1 TiO_2/C复合气凝胶的紫外光催化活性

紫外光催化活性测定在上海比朗仪器有限公司生产的BL-GHX-V光反应仪中进行，采用300~1000W可调高压汞灯作为紫外光源，本工作调节汞灯功率为500W。反应进行如下：称取一定量样品，加入装有50mL不同浓度的亚甲基蓝溶液的石英管中。光照前混合液先经超声混合10min，再避光搅拌30min，以达吸附—脱附平衡。光照开始后继续高速搅拌，每隔15min移取5mL悬浊液，经有机相过滤器（13mm×0.45μm）过滤，移取过滤后的清液，由北京普析通用仪器有限公司生产的TU-1810型紫外—可见分光光度计测定其在660nm处的吸光度。根据亚甲基蓝的降解率D评估不同样品对不同浓度亚甲基蓝的催化活性。亚甲基蓝的降解率D由光反应时间t经过滤后清液的吸光度（A_t）与反应初始吸光度（A_0）计算所得，公式如下：

$$D=\left[(A_0-A_t)/A_0\right]\times100\%$$

本研究对所制备样品的紫外光催化活性评价分如下几种：

① 当亚甲基蓝浓度为20mg/L时，研究了样品在亚甲基蓝中的浓度分别为

1g/L、0.8g/L、0.6g/L、0.4g/L四种情况下的光催化降解效率。

②当亚甲基蓝浓度为10mg/L时，样品在亚甲基蓝中浓度为0.5g/L、0.25g/L、0.125g/L三种情况下的光催化降解效率。

2.6.4.2　TiO$_2$/C复合气凝胶的可见光催化活性

可见光催化活性在上海比朗仪器有限公司生产的BL-GHX-V光反应仪中进行，采用300~1000W可调高压氙灯作为可见光光源，调节氙灯功率为500W。可见光照下的反应及可见光催化活性评价与紫外光催化活性相同。本研究对所制备样品的可见光催化活性评价及可见光催化机理分为如下几种：

①当亚甲基蓝浓度为20mg/L时，样品在亚甲基蓝中的浓度为0.8g/L。

②当亚甲基蓝浓度为10mg/L，样品在亚甲基蓝中的浓度为0.5g/L。

③研究样品随着光照时间延长对亚甲基蓝的催化效果进行对比研究。

第3章 二氧化钛/碳复合气凝胶结构和光催化性能的影响研究

3.1 钛源对复合气凝胶的性能影响研究

气凝胶有许多优异的性质，如极高的孔隙率、高比表面积、极低的热导率和低的声音传播速率等。这些优异的性质让气凝胶有着广阔的应用范围，如催化剂载体、隔热材料等。TiO_2气凝胶不仅拥有这些优异的性质，还有着特殊的性质，极好的隔热性能及高温稳定性。碳气凝胶则有着优良的导电性和耐酸碱性，可以用作电容器。在最近几年里，用溶胶—凝胶的方法制备有机/无机杂化气凝胶在陶瓷、高分子化学、有机化学和无机化学领域引起了广泛的研究热情。目前SiO_2、Al_2O_3与碳的复合气凝胶研究得比较多，而对TiO_2与碳的复合气凝胶几乎没有报道。由于TiO_2气凝胶和碳气凝胶有上述优异的性质，所以将这两种物质复合后应该会表现出更优异的性能。TiO_2/C复合气凝胶因钛源前驱体的种类不同，其醇解速率也不同，因此采用不同钛源前驱体制备的复合气凝胶的性能也不同。本章则着重探讨利用一步溶胶—凝胶法，分别采用四氯化钛和钛酸四丁酯为钛源前驱体来制备TiO_2/C复合气凝胶，并考察钛源前驱体种类对TiO_2/C复合气凝胶表观性质、微观结构、光催化活性的影响及规律。

钛源前驱体以TiO_2计的质量分别为2.65g、3.80g、5.31g，环氧丙烷与钛的摩尔比为6，乙酰乙酸乙酯与钛的摩尔比为0.6。将总质量为10g的间苯二酚

（R）和糠醛（F）溶液按1：2（摩尔比）加入一定质量的无水乙醇中，磁力搅拌直至间苯二酚充分溶解，制得溶液A。根据设计配比（表2-5）称取剩余质量的无水乙醇，将乙酰乙酸乙酯滴入无水乙醇中，在冰浴状态中滴加四氯化钛（a）或钛酸四丁酯（b），在磁力搅拌下加入环氧丙烷制得溶液B。在冰浴和磁力搅拌下将溶液A滴加到溶液B中继续搅拌直至溶液澄清透明。将溶液分装于管制瓶中，封口，在室温下静置1~2d后置于70℃水浴锅中老化5d，得到棕色的有机/无机杂化湿凝胶。

将老化后的湿凝胶置于环氧丙烷中进行溶剂交换，共交换7d，进行溶剂交换后的湿凝胶再放入高压釜中，以正己烷为介质进行超临界干燥。操作步骤如下：以2℃/min将高压釜温度升至240℃，同时调节高压釜调节阀泄压，维持釜内压力为6MPa，釜内的样品在超临界状态下保持1h，然后缓慢泄压，自然冷却至室温即可得到TiO$_2$/RF杂化气凝胶。将TiO$_2$/RF杂化气凝胶放入竖式高温碳化炉中，在高纯氮气保护下，以5℃/min的升温速率将碳化炉内的温度升至800℃，并在该温度下保持3h，得到TiO$_2$/C杂化气凝胶。为方便以后的讨论，本节所得样品分别标记为合成配方表2-5中的样品编号。

本节紫外光照下主要研究样品对浓度为20mg/L的亚甲基蓝的吸附性能和光催化活性，其中样品在亚甲基蓝中的浓度为1g/L。可见光照下主要研究样品对浓度为10mg/L的亚甲基蓝的吸附性能和光催化活性，其中样品在亚甲基蓝中的浓度为0.5g/L。

3.1.1　表观性能与表观密度

图3-1为分别以不同钛源前驱体制备溶胶的照片，图3-1（a）以四氯化钛为钛源前驱体，图3-1（b）以钛酸四丁酯为钛源前驱体，钛源前驱体以TiO$_2$计质量为3.8g，环氧丙烷与钛的摩尔比为6，乙酰乙酸乙酯与钛的摩尔比为0.6。

由图3-1可以看出，以四氯化钛为钛源前驱体制备溶胶的颜色为红棕色，以钛酸四丁酯为钛源前驱体制备溶胶的颜色为棕色。可能源于两种钛源不同的

(a) a–TiO$_2$/C(3.80)　　　　　　　　(b) b–TiO$_2$/C(3.80)

图3-1　不同钛源配制样品的颜色变化

醇解速率，基团之间结合程度不同，从而导致凝胶颜色不同。

由图3-2可以看出，样品碳化前表面光滑，为完整的块状，颜色为棕色；碳化后因其中的有机物在氮气保护下高温焙烧后剩下碳，样品仍呈现表面光滑，完整的块状，颜色为黑色。

(a) 碳化前　　　　　　　　(b) 碳化后

图3-2　样品a–TiO$_2$/C（3.80）碳化前后的照片

依照制备复合气凝胶的过程中观察及相关测试，所得样品表观性能及表观密度见表3-1。

表3-1　气凝胶表观性能及表观密度

样品编号	合成后的颜色	碳化前的颜色	碳化后的颜色和性能	表观密度/ g·cm⁻³*	TiO₂的含量/% （质量分数）
a–TiO₂/C（2.65）	淡褐色	褐色	黑色、轻质、易碎	0.16	25.3
a–TiO₂/C（3.80）	淡褐色	褐色	黑色、轻质、易碎	0.21	40.1
a–TiO₂/C（5.31）	淡褐色	褐色	黑色、轻质、易碎	0.32	50.2
b–TiO₂/C（2.65）	深褐色	褐色	黑色、轻质、易碎	0.17	34.6
b–TiO₂/C（3.80）	深褐色	褐色	黑色、轻质、易碎	0.24	49.1
b–TiO₂/C（5.31）	深褐色	褐色	黑色、坚硬	0.38	52.9

*表观密度ρ为块状样品的质量（g）与其体积（cm³）之间的比值。

　　由表3-1可以看出，碳化后的样品随钛源前驱体含量的增加，制备的TiO₂/C复合气凝胶中TiO₂的含量逐渐增加，表观密度也逐渐增大。其中b-TiO₂/C气凝胶的表观密度和TiO₂的含量略高于相同设计配方的a-TiO₂/C气凝胶。这种现象可能源于钛酸四丁酯的缓慢醇解，产物更加致密，以致和碳源结合概率减小而导致产物中碳含量减少，因而TiO₂的含量略有增加。

3.1.2　XRD图

　　典型样品TiO₂/C（3.80）的XRD曲线如图3-3所示。

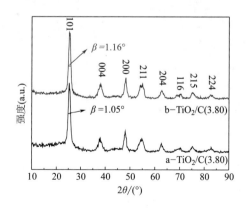

图3-3　TiO₂/C（3.80）的XRD图

由图3-3可以看出，两种前驱体制备的TiO$_2$/C杂化气凝胶中TiO$_2$纳米颗粒均以锐钛矿型存在；且在复合材料的广角衍射图谱内无碳质材料的特征峰，说明TiO$_2$/C复合气凝胶中的碳以无定形形式存在。另外，由半峰宽的值可以看出，a-TiO$_2$/C（3.80）的半峰宽值小于b-TiO$_2$/C（3.80），其衍射强度更强，说明以四氯化钛为钛源前驱体制备样品的结晶度更好，其晶粒更大。

3.1.3　TEM图和EDS图

图3-4给出TiO$_2$/C复合气凝胶的TEM图及TiO$_2$电子衍射图。

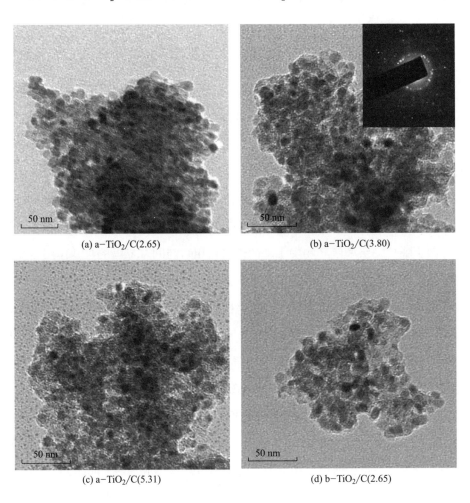

(a) a-TiO$_2$/C(2.65)　　　　　　(b) a-TiO$_2$/C(3.80)

(c) a-TiO$_2$/C(5.31)　　　　　　(d) b-TiO$_2$/C(2.65)

图3-4

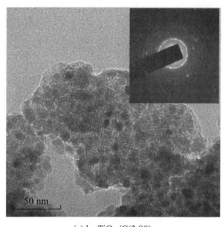 

<table>
<tr><td>(e) b–TiO₂/C(3.80)</td><td>(f) b–TiO₂/C(5.31)</td></tr>
</table>

(e) b–TiO$_2$/C(3.80)　　　　　　　　　　(f) b–TiO$_2$/C(5.31)

图3-4　TEM图（图中标尺刻度为50nm）

由图3-4可以看出，所制得的TiO$_2$/C复合气凝胶中TiO$_2$纳米颗粒均匀地镶嵌于无定形碳基底中，形成TiO$_2$/C复合材料。随着以TiO$_2$计的钛源浓度增加，所得复合气凝胶中TiO$_2$纳米颗粒的绝对数量也随之增加，这与所测得的TiO$_2$质量百分含量一致（表3-1）。

从图3-4中可以观察到，以四氯化钛为钛源所制得的样品中TiO$_2$颗粒的分布比以钛酸四丁酯为钛源所制得样品中TiO$_2$颗粒的嵌套更加均匀。此现象由于钛酸四丁酯1,2,3级醇解产物中丁基的疏水作用，与间苯二酚的羟基作用力小，因此倾向于钛水解产物之间的聚集。而四氯化钛的醇解作用产生的乙基疏水性较丁基小，未水解的钛氯键具有亲水性，与间苯二酚的羟基之间的作用大，其在有机骨架上的分散较好，因此以四氯化钛为钛源所制得的样品中TiO$_2$颗粒的分布比以钛酸四丁酯为钛源所制得样品中TiO$_2$颗粒的嵌套更加均匀。图3-4（b）（e）中的插图为样品a-TiO$_2$/C（3.80）、b-TiO$_2$/C（3.80）的相应电子衍射图，从中可以清晰地观察到衍射斑和衍射环，且前者的衍射斑点更具规则性，也更加明亮，说明产物a-TiO$_2$/C（3.80）具有更好的结晶度（与图3-3所得结果一致）。根据衍射斑点或衍射环的距离可计算相应的晶面间距如下：0.352（101）nm、0.237（004）nm、0.189（200）nm，并推知样品经高温碳化烧结

（800℃）后依然具有锐钛矿型晶体结构。

样品TiO_2/C（2.65）的EDS能谱图如图3-5所示，由图可以看出，样品中主要存在C、O、Ti三种元素，其中a-TiO_2/C（2.65）的C峰强度更高，表明其中C的含量也更高。

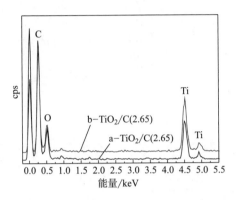

图3-5 EDS图

样品中EDS元素微量分析结果见表3-2，a-TiO_2/C（2.65）和b-TiO_2/C（2.65）中碳元素的质量分数分别为40.22%和34.99%，前者明显高于后者，表明相同条件下样品a-TiO_2/C（2.65）中的碳含量比较高，这是因为钛酸四丁酯的缓慢醇解使TiO_2颗粒结合更致密，这样与碳的结合概率变小，因此b-TiO_2/C（2.65）中碳含量较低，这与表3-1所示的结果一致。

表3-2 样品中EDS元素微量分析

样品编号	元素含量/%（质量分数）		
	C	O	Ti
a-TiO_2/C（2.65）	40.22	8.38	25.88
b-TiO_2/C（2.65）	34.99	8.70	35.09

3.1.4 SEM图

图3-6为样品的SEM图。

图3-6　样品的SEM图（图中标尺刻度为1μm）

由图3-6可以看出，样品都有不同程度和大小的孔存在，比较以四氯化钛和钛酸四丁酯为钛源前驱体制备的样品的SEM图可知，在钛源前驱体含量相同时，如图3-6（a）和（d）两组样品，前者较后者有更丰富的孔道，这是因为前者能形成较好的网络结构，而后者因颗粒之间的聚集而无法有效形成网络结构，表现出较为致密的结构，因此孔道较少。以四氯化钛为前驱体时，钛源前驱体含量对样品孔道结构有一定的影响，如图3-6（a）（b）（c）所示，（a）有较多的微孔存在，也有少量大孔且不均匀，（c）的孔比较小且不均匀，而（b）的孔径大小适中且比较均匀。由此表明，钛源前驱体含量对样品中微介孔的形成及孔径分布有较大的影响。

3.1.5　拉曼光谱图

由图3-7可以看出，在151cm^{-1}、203cm^{-1}、391cm^{-1}、511cm^{-1}、630cm^{-1}处出现了比较明显的峰。在1590cm^{-1}和1340cm^{-1}处有两处明显的峰，分别为G峰和D峰，它们为其中的碳材料。G峰是由C—C键的sp^{2}杂化产生。由文献报道可知，D峰和G峰的峰宽及I_D/I_G值反映碳的结晶化程度，值越大表明其处于越无序化状态。由图可以看出，本章制备的复合气凝胶中I_D值明显

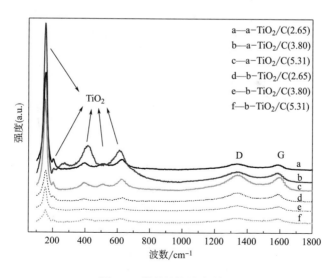

图3-7　样品的拉曼光谱图

高于I_C值，因此I_D/I_C值较大，表明其中的碳为无定形碳。同时由图可以看出以四氯化钛为钛源制备样品的TiO_2和C峰强度明显高于以钛酸四丁酯为钛源制备的样品，由此可知前者的TiO_2具有更高的结晶度，这与XRD分析结果一致。

3.1.6 紫外—可见漫反射图

由图3-8可以看出，相同吸收波长范围内，a-TiO_2/C的吸收均强于b-TiO_2/C，且a-TiO_2/C中a-TiO_2/C（3.80）的吸收能力最强。由图3-8可以看出，由于碳的存在引起样品在可见光区域有更强的光吸收能力，同时可以看出吸收边的红移，这样预示着TiO_2激发能带变窄。由于可见光吸收波段为400～800nm，而导致无法得出其确切的红移值。然而与对比样品P25而言，本研究的样品由于既有TiO_2，又有碳产生较为明显红移（P25吸收波长为405nm，制备样品的吸收波长为425nm）。同时五组样品紫外—可见漫反射吸收规律如下：b-TiO_2/C（5.31）< b-TiO_2/C（3.80）< b-TiO_2/C（2.65）< a-TiO_2/C（5.31）< a-TiO_2/C（2.65）<a-TiO_2/C（3.80）。

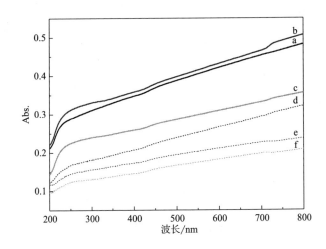

图3-8 样品的UV—Vis图

a—a-TiO_2/C（2.65） b—a-TiO_2/C（3.80） c—a-TiO_2/C（5.31） d—b-TiO_2/C（2.65）

e—b-TiO_2/C（3.80） f—b-TiO_2/C（5.31）

3.1.7 氮气吸附等温线及影响因素

由 N_2 吸附—脱附等温线所测样品孔结构参数见表3-3。

表3-3 样品孔结构参数

样品编号	比表面积/$m^2 \cdot g^{-1}$	外表面积/$m^2 \cdot g^{-1}$	粒径/nm	介孔孔容/$cm^3 \cdot g^{-1}$	微孔孔容/$cm^3 \cdot g^{-1}$
a–TiO$_2$/C（2.65）	237.3	188.3	5.6	0.33	0.02
a–TiO$_2$/C（3.80）	204.4	91.8	7.8	0.4	0.06
a–TiO$_2$/C（5.31）	192.1	116.7	7.0	0.33	0.04
b–TiO$_2$/C（2.65）	290.8	304.4	4.9	0.33	0.07
b–TiO$_2$/C（3.80）	191.6	63.0	4.7	0.22	0.07
b–TiO$_2$/C（5.31）	172.4	110.7	3.7	0.15	0.03

由表3-3可以看出，相同钛源制备样品的BET比表面积随着前驱体含量的增加而减少，即比表面积变化规律遵循：TiO$_2$/C（2.65）> TiO$_2$/C（3.80）> TiO$_2$/C（5.31），这是因为随着钛含量的增多，相应的，碳的比例在减少，这也说明对增大样品比表面积的贡献主要来自无定形碳。而对于相同前驱体含量钛源不同时所制备样品的BET比表面积大小遵循：a–TiO$_2$/C（2.65）< b–TiO$_2$/C（2.65），a–TiO$_2$/C（3.80）> b–TiO$_2$/C（3.80）和a–TiO$_2$/C（5.31）> b–TiO$_2$/C（5.31），这是因为TiO$_2$/RF在碳化过程中有不同程度收缩，a–TiO$_2$/C（2.65）中起网络支撑作用的钛含量较少，导致在碳化过程中有机体塌陷严重，因而其比表面积小于b–TiO$_2$/C（2.65）；而随着钛含量的增加，其网络支撑作用及碳含量对比表面积的贡献体现更加明显的优势，因此a–TiO$_2$/C（3.80）和a–TiO$_2$/C（5.31）的比表面积均大于相应的b–TiO$_2$/C（3.80）和b–TiO$_2$/C（5.31）。a–TiO$_2$/C的平均孔径和孔容随着前驱体含量的增加先上升后下降；b–TiO$_2$/C的平均孔径和孔容随前驱体含量的增加反而降低。这些现象可能是产物中钛和碳的相对含量变化以及产物粉体发生不同程度的团聚等综合作用的结果，确切原

因尚需在今后的研究中进一步探索。

3.1.7.1　钛源前驱体含量对孔结构的影响

图3-9为a-TiO₂/C气凝胶的N₂吸附—脱附等温曲线及孔径分布图。

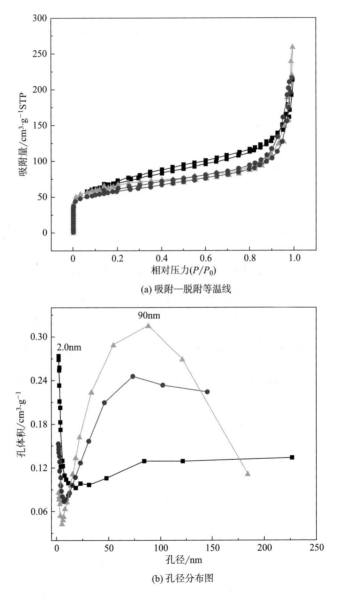

(a) 吸附—脱附等温线

(b) 孔径分布图

图3-9　a-TiO₂/C的N₂吸附—脱附等温线及其BJH孔径分布图

— ■ — a-TiO₂/C(2.65)　— ▲ — a-TiO₂/C(3.80)　— ● — a-TiO₂/C(5.31)

由图3.9（a）可以看出，三种不同前驱体含量制备的TiO_2/C杂化气凝胶，其N_2吸附—脱附等温线都存在滞后环，参考IUPAC的分类可知该种吸附等温线为Ⅳ型中的H4滞后环，表明样品具有内部中空的不规则中孔结构及较宽的尺寸分布。在相对压力较高段，吸附容量遵循：$a-TiO_2$/C（3.80）> $a-TiO_2$/C（2.65）≈ $a-TiO_2$/C（5.31）。相对压力小于0.1部分对应于微孔的单分子层吸附，此区段气凝胶的吸附量变化规律与相对压力较高段相同，即$a-TiO_2$/C（3.80）> $a-TiO_2$/C（2.65）≈ $a-TiO_2$/C（5.31）。由图3-9（b）可以观察到$a-TiO_2$/C的三种气凝胶的孔径呈双峰分布：微孔（2nm）和大孔（90nm），前者来自碳基底或TiO_2纳米粒子间的孔隙，后者来自二次团聚后大颗粒之间的堆积孔。微孔段孔容大小遵循：$a-TiO_2$/C（2.65）> $a-TiO_2$/C（5.31）> $a-TiO_2$/C（3.80），主要因为$a-TiO_2$/C（2.65）中可贡献微孔的碳含量最多，$a-TiO_2$/C（5.31）中尽管碳含量相对较少，但TiO_2纳米颗粒与碳同时贡献微孔，因此其微孔孔容次之。对中、大孔段孔容而言，理论上$a-TiO_2$/C（2.65）也应该最大，$a-TiO_2$/C（5.31）的孔容最小；但实际结果表明该区段孔容大小遵循规律与微孔段的规律正好相反，即$a-TiO_2$/C（3.80）> $a-TiO_2$/C（5.31）> $a-TiO_2$/C（2.65），主要是因为TiO_2/RF气凝胶在碳化过程中碳有机骨架有不同程度的塌陷，$a-TiO_2$/C（2.65）因TiO_2含量少对其支撑力度小导致孔结构塌陷较为厉害；而$a-TiO_2$/C（5.31）中尽管TiO_2的含量较高，但由于其中碳的含量较少，因此其该段孔容也偏小，而$a-TiO_2$/C（3.80）中TiO_2网络支撑作用与碳骨架具有协同作用，因而其中大孔段孔容最大。

3.1.7.2 不同钛源对孔结构的影响

由图3-10可知，在相对压力较高段气凝胶吸附容量$a-TiO_2$/C（3.80）> $b-TiO_2$/C（3.80）；相对压力小于0.1部分对应于微孔的单分子层吸附，此区段气凝胶的吸附量两组样品基本相同。理论上中、大孔段两组样品因TiO_2的含量相同，其孔容应该接近，但实际结果表明$a-TiO_2$/C（3.80）的孔容明显高于$b-TiO_2$/C（3.80）［图3-10（b）］，这与前面得出的产物的表观密度及钛含量数据相一致（表3-1），进一步说明对产物的孔结构做出贡献的主要是无定形

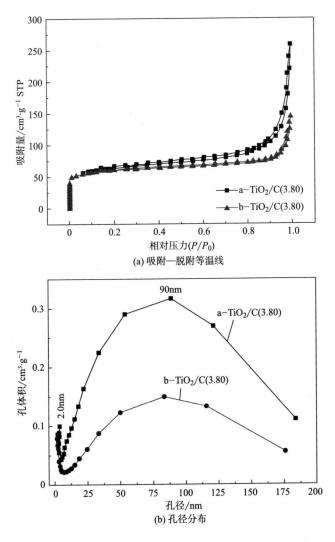

图3-10 TiO₂/C（3.80）的N₂吸附—脱附曲线及BJH孔径分布图

碳基底。

3.1.8 原位红外光谱图

由图3-11可以看出，六组样品在3433.6cm⁻¹处有较强的吸收，该处为样品中的羟基峰；2925.9cm⁻¹处为饱和C—H键的伸缩振动峰；1457.4cm⁻¹处可能是Ti—OH的特征吸收峰；1713.7cm⁻¹处可能为C═O键的吸收峰；621.5cm⁻¹和

1457.4cm⁻¹处为Ti—O—Ti键的吸收特征峰；1122.2cm⁻¹处为O—O键的吸收特征峰；1618.6cm⁻¹处为H—O—H键的吸收特征峰。

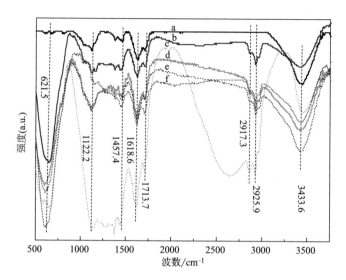

图3-11　样品的原位红外曲线

a—a–TiO$_2$/C（2.65） b—a–TiO$_2$/C（3.80） c—a–TiO$_2$/C（5.31） d—b–TiO$_2$/C（2.65）

e—b–TiO$_2$/C（3.80） f—b–TiO$_2$/C（5.31）

3.1.9　光催化性能研究

3.1.9.1　紫外光催化降解亚甲基蓝性能研究

（1）钛源前驱体含量对紫外光催化活性的影响

图3-12（a）为a–TiO$_2$/C和b–TiO$_2$/C对亚甲基蓝溶液的光催化降解率随时间变化曲线，图3-12（b）为空白溶液、典型样品a–TiO$_2$/C（3.80）和b–TiO$_2$/C（3.80）及P25对亚甲基蓝溶液的光催化降解率随时间变化曲线。

由图3-12（a）可以看出，前30 min样品已达到吸附饱和，同时当钛源相同时，样品对亚甲基蓝的光催化效果遵循如下规律：TiO$_2$/C（3.80）> TiO$_2$/C（5.31）> TiO$_2$/C（2.65）。这种现象可做如下解释：TiO$_2$/C（2.65）尽管有相对较大的比表面积（表3-3）在单位时间内对亚甲基蓝有更大的吸附量，但因其中TiO$_2$含量偏少，在单位时间可降解亚甲基蓝大分子的能力有限；而TiO$_2$/

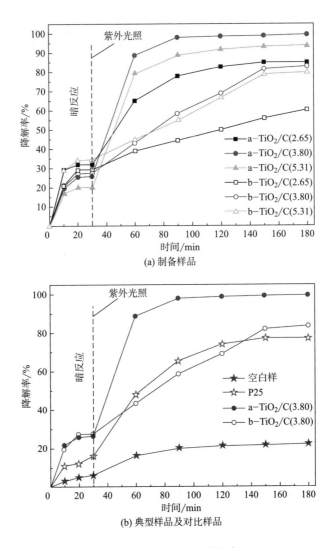

(a) 制备样品

(b) 典型样品及对比样品

图3-12　亚甲基蓝的降解率

C（5.31）中尽管因TiO$_2$含量高，在单位时间可降解亚甲基蓝大分子的能力更大，但由于其比表面积较小，在单位时间内对亚甲基蓝的吸附量较小；对TiO$_2$/C（3.80）而言，在相同时间内有相对更多亚甲基蓝分子被吸附到样品表面，随之在光照下均匀镶嵌在其中的TiO$_2$纳米粒子对亚甲基蓝分子做出响应而使亚甲基蓝大分子降解，因此可以认为TiO$_2$/C（3.80）的优异光催化性能来自其较大比表面积和适量的TiO$_2$光催化剂的协同作用的结果。进一步说明TiO$_2$/C杂化气凝胶对亚甲基蓝的光催化降解效果受两方面因素的影响：一是样品对亚甲基蓝的吸附；二是嵌套在基底碳中的TiO_2对亚甲基蓝分子的降解，且当两者比例达到TiO_2计质量为3.80g［a–TiO_2/C（3.80）］时可起到协同增进的效果。由图3–12（b）可以看出仅有紫外光照的空白试验，光照对亚甲基蓝有一定的降解作用，但当光照时间达到60 min后其降解率不再升高。在前30 min的吸附时间内，P25对溶液的吸附均小于典型样品对溶液的吸附，30min后P25对溶液的降解率先高于b–TiO_2/C（3.80）而低于a–TiO_2/C（3.80），而150 min后P25的降解率均低于典型样品a–TiO_2/C（3.80）和b–TiO_2/C（3.80）。

（2）不同钛源对光催化活性的影响

由图3–12（b）中典型样品a–TiO_2/C（3.80）和b–TiO_2/C（3.80）及对比样品P25和仅有紫外光照的空白溶液对亚甲基蓝溶液的光催化降解率随时间变化曲线，由图可以看出，前30min内a–TiO_2/C（3.80）和b–TiO_2/C（3.80）对亚甲基蓝在暗反应条件下的降解率基本相同，由此可知两者对亚甲基蓝的吸附容量基本相当，但开始光照后a–TiO_2/C（3.80）对亚甲基蓝的光催化降解率明显高于b–TiO_2/C（3.80）对亚甲基蓝的光催化降解率。反应180 min后，a–TiO_2/C（3.80）对亚甲基蓝的光催化降解率接近100%，而b–TiO_2/C（3.80）对亚甲基蓝的光催化降解率仅为80%左右。a–TiO_2/C（3.80）相对于b–TiO_2/C（3.80）的更高催化活性，是因为前者在相对压力较大段比后者有更高的吸附容量［图3–10（a）］，同时在较大孔径的相对吸附容量也高于后者［图3–10（b）］，因此可以认为前者的高催化活性归因于其相对较大的比表面积、平均孔径、孔容以及TiO_2光催化剂在无定形碳基底上更加均匀分布（图3–4和表3–3）。

3.1.9.2　可见光催化降解亚甲基蓝性能研究

图3–13为样品在可见光照下对10mg/L样品的光催化降解曲线，其中样品投加量为50mg/L亚甲基蓝溶液中加入25mg样品。

由图3–13可以看出a–TiO_2/C（5.31）的光催化降解率最高，a–TiO_2/C（3.80）次之，而以钛酸四丁酯为钛源的三组样品在可见光照射下对亚甲基蓝的光催化降解率均低于P25，这种现象可做如下解释：在可见光照下，样品先

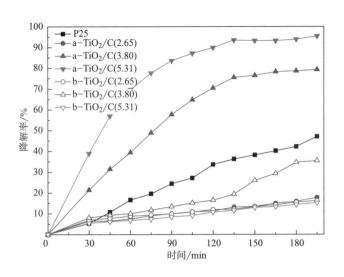

图3-13　样品在可见光下对亚甲基蓝的降解率

将亚甲基蓝分子以物理吸附或化学吸附方式吸附于TiO$_2$表面，这些亚甲基蓝分子在可见光照下被激发产生光电子，激发态染料分子将电子注入TiO$_2$的导带上，TiO$_2$导带上的注入电子紧接着和其表面上的吸附氧反应生成超氧自由基等活性氧物种，并引发随后的光催化反应。在此过程中，TiO$_2$的作用是充当光生电子的传输介质，通过它染料分子把电子传递给TiO$_2$表面的吸电子物种。a–TiO$_2$/C（5.31）具有最高的TiO$_2$含量，可以更快传输激发态染料的光生电子，因此其光催化降解亚甲基蓝的效率也最高。

　　前面3.1.9.1节和3.1.9.2节分别研究了在紫外光照射下和可见光照射下样品对亚甲基蓝的光催化降解性能。结果表明：在紫外光照下a–TiO$_2$/C（3.80）的光催化效果最好，即当样品中具有光催化降解功能的TiO$_2$和具有吸附功能的C达到一定比例时可起到协同增效的作用，因而a–TiO$_2$/C（3.80）具有最佳紫外光催化降解率；而在可见光照下a–TiO$_2$/C（5.31）光催化降解效果最好，即当样品中TiO$_2$含量最高时具有最佳可见光催化降解率。这种现象可做如下解释：在可见光照下，样品先将亚甲基蓝分子以物理吸附或化学吸附的方式吸附于TiO$_2$表面，这些亚甲基蓝在可见光下可以被激发产生光电子，激发态染料分子可以将电子注入半导体的导带上，TiO$_2$导带上的注入电子紧接着与其表面上的吸附氧反应生成超氧自由基等活性氧物种，并引发随后的光催化反应。在此过程中，TiO$_2$的作用是充当光生电子的传输介质，通过它染料分子把电子传递给TiO$_2$表面的吸电子物种。图3-14为染料敏化反应示意图。

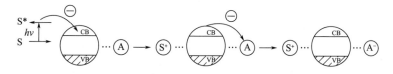

图3-14　可见光照下染料敏化反应示意图

而在紫外光照下，其光催化降解机理为：在价带（valence band，VB）和导带（conduction band，CB）之间存在一个禁带（forbidden band，band gap）。半导体的光吸收阈值与带隙具有$K=1240/Eg$（eV）的关系，在紫外光照射下价带电子可从价带跃迁到导带，从而产生光生电子（e$^-$）和空穴（h$^+$）。此时吸附在TiO$_2$纳米颗粒表面的溶解氧可以俘获电子形成超氧负离子，而空穴则能够将吸附在催化剂表面的氢氧根离子和水氧化成羟基自由基。超氧负离子和羟基自由基具有很强的氧化性，将亚甲基蓝氧化至最终产物CO$_2$和H$_2$O。图3-15为样品紫外光照催化降解机理示意图。

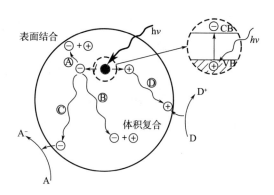

图3-15　紫外光照下样品光催化反应示意图

由此可知样品在紫外光照和可见光照下降解亚甲基蓝的机理不尽相同，因此在可见光照下TiO$_2$的含量最高的a-TiO$_2$/C（5.31）相对于其他样品具有最高的光催化降解率，不同于紫外光照下的a–TiO$_2$/C（3.80）。

3.1.10 小结

本节采用四氯化钛和钛酸四丁酯为钛源前驱体，TiO$_2$计质量分别为2.65g、3.80g和5.31g制备一组样品，对样品进行了XRD、SEM、TEM、EDS、UV—Vis、FT—IR、N$_2$吸附—脱附等温线、拉曼光谱等一系列表征，并对20mg/L亚甲基蓝溶液进行紫外光和可见光催化降解实验，结果表明：

① 通过XRD表征发现，两种钛源制备样品中TiO$_2$均为锐钛矿晶型，XRD扫描广角内无碳的特征峰，表明其中的碳为无定形碳。

② 通过SEM、TEM和EDS表征发现，样品中主要由C、Ti、O三种元素组成，其中TiO$_2$颗粒嵌套在无定形基底碳中，TiO$_2$颗粒有不同程度聚集并形成一定堆积孔。

③ 通过紫外—可见漫反射发现，样品在可见光波段有较强的吸收，且a–TiO$_2$（3.80）的吸收最强。

④ 通过N$_2$吸附等温线表征发现，样品的吸附等温线属于第Ⅳ类等温线，带有H$_2$型滞后环，b–TiO$_2$（2.65）比表面积最大可达290m^2/g，介孔孔容在0.15～0.4 cm^3/g之间，微孔很少，样品的孔径分布在25～175 nm之间，集中于90nm，a–TiO$_2$（3.80）在90nm处的吸附容量明显高于b–TiO$_2$（3.80）。

⑤ 通过紫外光催化降解亚甲基蓝实验可知，a–TiO$_2$（3.80）表现出最佳光催化性能；通过可见光催化降解亚甲基蓝实验可知，a–TiO$_2$（5.31）表现出最佳光催化性能。这是因为在可见光照下，亚甲基蓝主要通过敏化降解；而紫外光照下，则是由光照激发光生电子和空穴对而使亚甲基蓝降解。

3.2 前驱体含量对复合气凝胶的性能影响研究

3.1节中以四氯化钛和钛酸四丁酯为钛源前驱体，以TiO$_2$计的质量分别为

2.65g、3.80g、5.31g，环氧丙烷与钛的摩尔比为6，乙酰乙酸乙酯与钛的摩尔比为0.6分别制备六组不同样品，并对样品进行全面表征，观察了样品的微观结构和形貌、晶型及尺寸、紫外光和可见光催化降解亚甲基蓝的活性研究，结果表明以四氯化钛为钛源前驱体制备样品的结构和性能均优于以钛酸四丁酯为钛源前驱体制备的样品。钛源前驱体含量不同，可直接影响产物中TiO_2的含量，继而影响材料的结构和性能。为了考察相同钛源前驱体，不同TiO_2设计质量对样品性能的影响及内在规律，本节着重研究以四氯化钛为钛源前驱体，改变钛源前驱体含量制备不同样品，考察钛源前驱体含量对TiO_2/C复合气凝胶结构及光催化性能的影响及内在规律。

四氯化钛前驱体以TiO_2计的质量分别为2.65g、3.03g、3.80g、4.93g、5.31g，环氧丙烷与钛的摩尔比为6，乙酰乙酸乙酯与钛的摩尔比为0.6。将总质量为10g的间苯二酚（R）和糠醛（F）溶液按1∶2（摩尔比）加入一定质量的无水乙醇中，磁力搅拌直至间苯二酚充分溶解，制得溶液A。根据设计配比（表2-6）称取剩余质量的无水乙醇，将乙酰乙酸乙酯滴入无水乙醇中，在冰浴状态中滴加四氯化钛，在磁力搅拌下加入环氧丙烷制得溶液B。在冰浴和磁力搅拌下将溶液A滴加到溶液B中继续搅拌直至溶液澄清透明。将溶液分装于管制瓶中，封口，在室温下静置1～2d后置于70℃水浴锅中老化5d，得到棕色的有机/无机杂化湿凝胶。

将老化后的湿凝胶置于环氧丙烷中进行溶剂交换，共交换7d，进行溶剂交换后的湿凝胶再放入高压釜中，以正己烷为介质进行超临界干燥。操作步骤如下：以2℃/min将高压釜温度升温至240℃，同时调节高压釜调节阀泄压，维持釜内压力为6MPa，釜内的样品在超临界状态下保持1h，然后缓慢泄压，自然冷却至室温即得到TiO_2/RF杂化气凝胶。将TiO_2/RF杂化气凝胶放入竖式高温碳化炉中，在高纯氮气保护下，以5℃/min的升温速率将碳化炉内的温度升至800℃，并在该温度下保持3h，得到TiO_2/C杂化气凝胶。为方便以后的讨论，本节所得样品分别标记为合成配方表2-6中的样品编号。

气凝胶的吸附性能及光催化反应在上海比朗仪器有限公司生产的BL-

GHX-V光反应仪中进行，紫外光源为500W高压汞灯，可见光源为500W氙灯。进行光反应之前先进行避光暗吸附。光照反应进行如下：称取一定量的样品，加入装有50mL一定浓度（本节主要研究10mg/L和20mg/L两种浓度）的亚甲基蓝溶液的石英管中。光照前混合液先经超声混合5min，再避光搅拌30min，以达吸附—脱附平衡，光照开始后，每隔15min移取5mL悬浊液。经过滤器（13mm×0.45μm）过滤移取过滤后的清液，由北京普析通用仪器有限公司生产的TU1810型紫外—可见分光光度计测定其在660nm处的吸光度。由对亚甲基蓝的降解率D评估不同样品的催化活性。亚甲基蓝的降解率D由光反应时间t时经过滤后清液的吸光度（A_t）与光催化前反应初始吸光度（A_0）计算所得，公式为：

$$D = [(A_0 - A_t)/A_0] \times 100\%$$

3.2.1 表观性能与表观密度

图3-16为不同四氯化钛含量配制五组样品的照片，由图可以看出，五组样品均为棕色透明状态，且随着四氯化钛含量的增加，溶胶的颜色略有加深。这是因为四氯化钛含量增加，通过醇解缩聚反应所得致色基团增加，因此溶胶颜色变深。

由图3-17（a）可以看出，本研究制备复合气凝胶为块体材料；由图3-17（b）可以看出经在空气中焙烧掉碳后剩下的TiO$_2$仍为块状；由图3-17（c）可

(a) TiO$_2$/C-1

(b) TiO$_2$/C-2

(c) TiO₂/C-3　　　　　　　　　　　　　　　　(d) TiO₂/C-4

(e) TiO₂/C-5

图3-16　样品配制后的照片

知，经HF酸将TiO₂刻蚀掉以后的碳气凝胶也为完整的块状结构，表明本研究复合气凝胶中TiO₂纳米网络与碳纳米网络相互支撑且相互独立形成网络结构。由块状气凝胶的尺寸可以看出，焙烧后留下的TiO₂气凝胶由原来的6.5cm下降到5.5cm，表明TiO₂/C复合气凝胶在空气中烧掉C后样品有不同程度的损耗。由图3-17（d）可以看出在600℃焙烧后，样品中仅有TiO₂纳米颗粒；由图3-17（e）可以看出，经HF酸刻蚀后的样品中TiO₂纳米颗粒被刻蚀掉后留下的孔径约为20nm，明显高于经计算所得8~9nm（表3-5），表明原样品中TiO₂纳米颗粒有一定程度的聚集。

气凝胶的表观性能和表观密度见表3-4。

 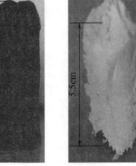 

(a) 块状复合气凝胶　(b) 焙烧后的TiO₂块体　(c) 用HF酸刻蚀后的碳气凝胶

(d) 焙烧后透射电镜图　(e) HF刻蚀后的透射电镜图

图3-17　典型样品TiO₂/C-3的照片

表3-4　气凝胶表观性能及表观密度

样品编号	合成后的颜色	碳化前的颜色	碳化后的颜色和性能	表观密度/g·cm⁻³	TiO₂的含量/%（质量分数）
TiO₂/C-1	淡褐色	褐色	黑色、轻质、易碎	0.16	25.3
TiO₂/C-2	淡褐色	褐色	黑色、轻质、易碎	0.18	31.2
TiO₂/C-3	淡褐色	褐色	黑色、轻质、易碎	0.21	40.1
TiO₂/C-4	淡褐色	褐色	黑色、轻质、易碎	0.29	48.1
TiO₂/C-5	淡褐色	褐色	黑色、轻质、易碎	0.32	50.2

注　1. 块体密度为块体质量与体积的比值。
　　2. TiO₂的含量由在空气中焙烧除去碳后剩下TiO₂后的质量分数。

由表3-4可以看出，随着四氯化钛含量的增加，复合气凝胶的密度及其中TiO₂含量均呈上升趋势。这是因为四氯化钛含量增加，缩聚反应后有更多TiO₂生成，复合气凝胶中主要由TiO₂对密度作贡献，因此其密度和TiO₂的含量均增加。

3.2.2　XRD图

图3-18为样品的XRD图，25.5°、37.8°、48.3°、54.1°和62.8°分别为锐钛矿型（101）（004）（200）（105）（204）晶面，没有金红石和板钛矿晶型结构。在扫描的广角范围内没有发现碳的峰，表明复合气凝胶中的碳以无定形形式存在。尽管本研究碳化温度高达800 ℃，但TiO₂没有出现从锐钛矿型向金红石型的晶相转变，是因为复合气凝胶子制备过程中TiO₂与高聚物分子之间存在较强的相互交联，从而使样品中碳与TiO₂高度杂化，因此其中无定形碳的存在阻碍了晶型的转变。依照101晶面半峰宽计算可得，五组样品TiO₂晶粒大小均在8.0～8.6nm之间，这是因为它们的碳化条件一样，五组样品的半峰宽均为比较宽的0.97°左右，因此均为较小的锐钛矿晶粒。

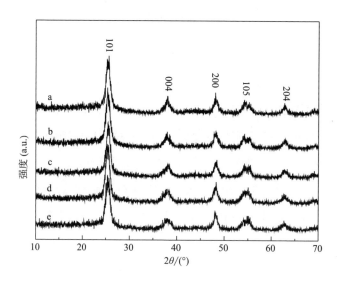

图3-18　样品的XRD图

a—TiO₂/C-1　b—TiO₂/C-2　c—TiO₂/C-3　d—TiO₂/C-4　e—TiO₂/C-5

3.2.3　SEM图和TEM图

图3-19为样品的SEM图和TEM图。

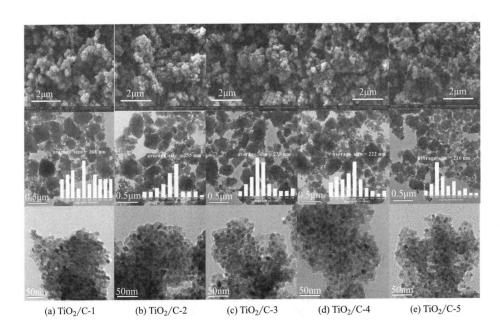

(a) TiO$_2$/C-1　　(b) TiO$_2$/C-2　　(c) TiO$_2$/C-3　　(d) TiO$_2$/C-4　　(e) TiO$_2$/C-5

图3-19　样品的SEM图和TEM图

由图3-19可以看出，复合气凝胶均由TiO$_2$纳米颗粒和基底无定形碳组成，其中白色部分为碳的形态，黑色部分为二氧化钛颗粒，是因为TiO$_2$比碳有更大的电子密度因而体现出比碳更大的对比反差而表现出黑色。我们可以看出8～9nm TiO$_2$颗粒均匀嵌套在无定形碳之间，TiO$_2$的尺寸可由XRD计算得出。碳纳米颗粒形成大的聚积体，与TiO$_2$网络结构相互支撑而且独立，可以用块状复合气凝胶在空气中焙烧去除碳或者用HF酸刻蚀去除TiO$_2$后仍然为块状结构来说明这一点（图3-17）。TiO$_2$纳米颗粒和碳纳米颗粒高度杂化，阻止TiO$_2$纳米颗粒维持在8～9nm之间而不再长大。由中间的样品聚积体分布图可以看出，样品由纳米颗粒的聚积而形成大的聚积体，聚积体堆积形成大孔，且样品平均聚积体尺寸由268nm逐渐减小到216nm，表明聚积体尺寸随着钛源前驱体含量增加而减小。由

SEM图观察到的聚积体之间形成大孔，可由图下端的TEM图得到印证。

3.2.4　EDS图及元素原子百分比

由图3-20可以看出，样品主要由C、Ti、O三种元素组成，且碳元素的原子百分比最高，为69.55%。

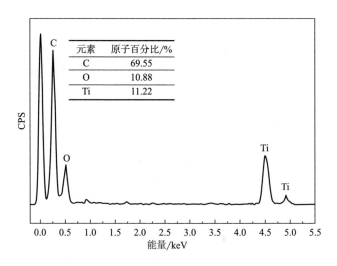

元素	原子百分比/%
C	69.55
O	10.88
Ti	11.22

图3-20　样品TiO$_2$/C-1的EDS图

3.2.5　氮气吸附等温线及孔径分布图

表3-5给出了不同TiO$_2$设计质量的五组复合气凝胶的孔结构参数和性能。

表3-5　复合气凝胶的性能

样品编号	晶粒尺寸 /nm[①]	比表面积 /m^2·g^{-1}	孔容 /cm^3·g^{-1}	平均孔径/nm
TiO$_2$/C-1	8.4	237	0.30	70
TiO$_2$/C-2	8.6	160	0.31	74
TiO$_2$/C-3	8.1	204	0.34	85
TiO$_2$/C-4	8.0	180	0.27	56
TiO$_2$/C-5	8.3	192	0.29	48

①依照锐钛矿101晶面的半峰宽进行计算。

　　图3-21为不同TiO₂设计质量的五组气凝胶的N₂吸附—脱附等温曲线及孔径分布图。氮气吸附—脱附等温线在-196℃进行脱气，孔径分布由DFT模型拟合而成。

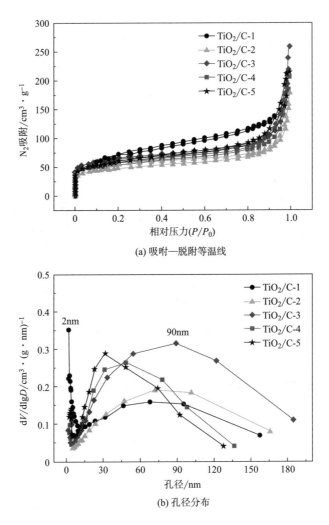

(a) 吸咐—脱附等温线

(b) 孔径分布

图3-21　样品的N₂吸附—脱附等温线及其BJH孔径分布图

　　由图3-21（a）可以看出，不同TiO₂设计质量的五组TiO₂/C复合气凝胶，其N₂吸附—脱附等温线都存在滞后环，参考IUPAC的分类可知该种吸附等温线为Ⅳ型中的H4滞后环，表明样品具有内部中空的不规则中孔结构及较宽的尺寸分布。在相对压力较高段，吸附容量遵循：TiO_2/C-3 > TiO_2/C-1 > TiO_2/C-5 > TiO_2/C-2 ≈ TiO_2/C-4。相对压力小于0.1部分对应于微孔的单分子层吸附，此区段气凝胶的吸附量变化规律与相对压力较高段相同，即TiO_2/C-3 > TiO_2/C-1 > TiO_2/C-5 > TiO_2/C-2 ≈ TiO_2/C-4。由图3-21（b）可以观察到五组TiO_2/C复合气凝胶的孔径呈双峰分布：微孔（2nm）和大孔（90nm），前者来自碳基底或TiO_2纳米粒子间的孔隙，后者来自二次团聚后大颗粒之间的堆积孔。微孔段孔容大小遵循：TiO_2/C-1 > TiO_2/C-5 > TiO_2/C-3 > TiO_2/C-4 ≈ TiO_2/C-2，主要因为TiO_2/C-1中可贡献微孔的碳含量最多，TiO_2/C-5中尽管碳含量相对较少，但TiO_2纳米颗粒与碳同时贡献微孔，因此其微孔孔容次之。对中、大孔段孔容而言，理论上TiO_2/C-1也应该最大，TiO_2/C-5的孔容最小；但实际结果表明该区段孔容大小遵循规律为：TiO_2/C-3 > TiO_2/C-5 > TiO_2/C-4 > TiO_2/C-2 > TiO_2/C-1，主要是因为TiO_2/RF气凝胶在碳化过程中碳有机骨架有不同程度的塌陷，TiO_2/C-1因TiO_2含量少对其支撑力度小导致孔结构塌陷较为严重；而TiO_2/C-5中尽管TiO_2的含量较高，但由于其中碳的含量较少，因此其该段孔容也偏小，而TiO_2/C-3中TiO_2网络支撑作用与碳骨架具有协同作用，因而其中大孔段孔容最大。

3.2.6　拉曼光谱图

图3-22为样品的拉曼光谱，由谱图可以看出，在151cm^{-1}、203cm^{-1}、391cm^{-1}、511cm^{-1}、630cm^{-1}处出现了比较明显的峰。在1590cm^{-1}和1340cm^{-1}处有两处明显的峰，分别为G峰和D峰，它们为样品中碳材料的特征峰。G峰是由C—C键的sp^{2}杂化产生的。由文献报道可知，D峰和G峰的峰宽及I_D/I_G值反映碳的结晶化程度，值越大表明越处于无序化状态。

由图3-22可以看出，本书制备的复合气凝胶中I_D值明显高于I_G值，因此I_D/I_G值较大，表明其中的碳为无定形碳。同时由图3-22可以看出样品TiO_2/C-3的TiO_2明显高于其他几组样品，由此可知TiO_2/C-3中的TiO_2具有更高的结晶度，这与XRD分析结果一致。TiO_2/C-5的C峰强度明显高于其他几组样品。

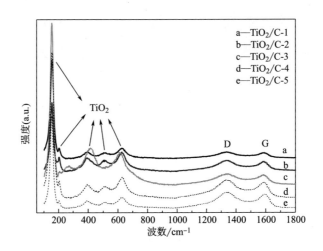

图3-22 样品的拉曼光谱图

3.2.7 紫外—可见漫反射图

由图3-23可以看出，由于碳的存在引起样品在可见光区域有更强的光吸收能力，同时可以看出吸收边的红移，这样预示着TiO_2激发能带变窄。由于可见光吸收波段为400～800nm，而导致无法得出其确切的红移值。然而对比样品P25而言，本研究的样品由于既有TiO_2，又有碳，产生较为明显的红移（P25吸

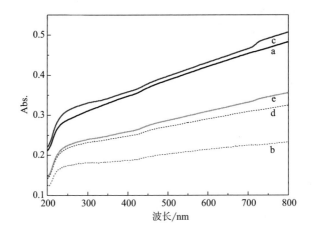

图3-23 UV—Vis图

a—TiO₂/C-1 b—TiO₂/C-2 c—TiO₂/C-3 d—TiO₂/C-4 e—TiO₂/C-5

收波长为405nm，制备样品的吸收波长为425nm）。同时五组样品紫外—可见漫反射吸收规律如下：TiO$_2$/C-4 < TiO$_2$/C-5 < TiO$_2$/C-2 < TiO$_2$/C-1 < TiO$_2$/C-3，这正好与样品光反应速率常数的变化规律一致，因此光的散射吸收对TiO$_2$/C复合气凝胶的光催化活性起着关键性的作用。

3.2.8　原位红外光谱图

由图3-24可以看出，五组样品在3438.9cm^{-1}处有较强的吸收，该处为样品中的羟基峰；2934.9cm^{-1}处为饱和C—H键的伸缩振动峰；1369.4cm^{-1}处可能是Ti—OH的特征吸收峰；1705.6cm^{-1}处可能为C=O键的吸收峰；621.5cm^{-1}和1438.6cm^{-1}处为Ti—O—Ti键的吸收特征峰；1108.6cm^{-1}处为O—O键的吸收特征峰；1618.6cm^{-1}处为H—O—H键的吸收特征峰。

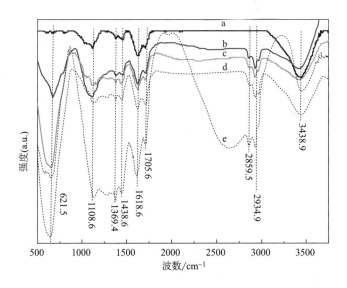

图3-24　样品的原位红外光谱图

a—TiO$_2$/C-1　b—TiO$_2$/C-2　c—TiO$_2$/C-3　d—TiO$_2$/C-4　e—TiO$_2$/C-5

3.2.9　XPS分析

图3-25给出了五组样品的XPS全能谱图及Ti的分峰谱图。

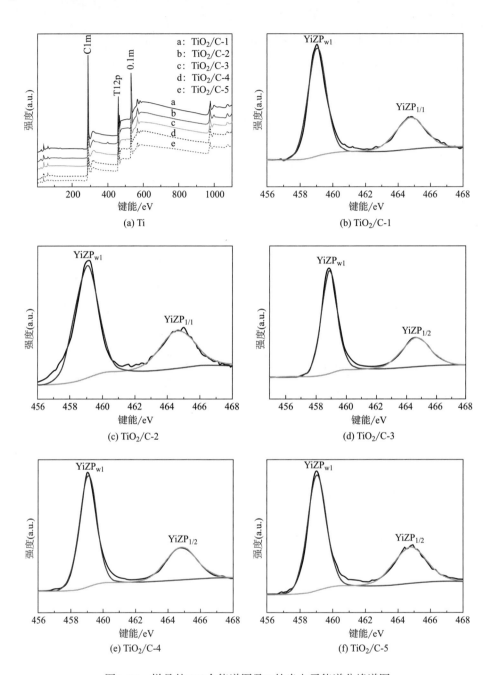

图3-25 样品的XPS全能谱图及Ti的光电子能谱分峰谱图

在0~1100eV范围内，五个样品都分别在（284.6±0.2）eV、（459±0.2）eV和（530±0.2）eV左右出现了C（1s）、Ti（2p）和O（1s）电子结合能

峰。（459±0.2）eV对应于TiO$_2$（Ti^{4+}）的2p结合能，这表明样品中Ti为+4价。此外，结合O（1s）分析，可知本节制备复合气凝胶中的Ti以TiO$_2$形式存在。

3.2.10 光催化性能研究

3.2.10.1 紫外光催化降解亚甲基蓝性能研究

（1）样品对20mg/L亚甲基蓝暗吸附曲线

图3-26为不同TiO$_2$设计质量五组样品对20mg/L亚甲基蓝在暗反应条件下的吸附曲线。

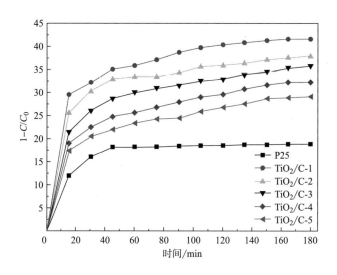

图3-26 样品对亚甲基蓝的暗吸附曲线

由图3-26可知，在前30min内，样品对亚甲基蓝的吸附脱色率均呈上升趋势，当30min以后，其吸附脱色率基本保持不变。同时由五组样品与P25的对比曲线可知，TiO$_2$设计质量较小的TiO$_2$/C-1对亚甲基蓝的吸附脱色率最大，TiO$_2$设计质量较大的TiO$_2$/C-5对亚甲基蓝的吸附脱色率为五组样品中最小的，这主要源于TiO$_2$/C复合气凝胶中随着TiO$_2$设计质量的减小，其中无定形碳的含量增大（表3-4），由此表明样品对亚甲基蓝的吸附主要取决于其中无定形碳及其提供的微孔。

（2）样品对紫外光催化降解脱色对比

图3-27为五组样品对20mg/L亚甲基蓝光催化降解75min后经过滤器过滤后的清液。

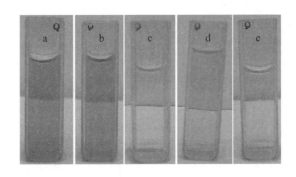

图3-27　样品对紫外光催化降解75 min后的照片

a—TiO$_2$/C-1　b—TiO$_2$/C-2　c—TiO$_2$/C-3　d—TiO$_2$/C-4　e—TiO$_2$/C-5

由图3-27可以看出，经紫外光照75min后亚甲基蓝均仍有一定的颜色，同时TiO$_2$设计质量较小的TiO$_2$/C-1［图3-27（a）］和TiO$_2$/C-2［图3-27（b）］的颜色较深，表明脱色效果不是很显著；TiO$_2$/C-3［图3-27（c）］的颜色最浅，表明经过75min光照后亚甲基蓝基本已经被光催化降解了，TiO$_2$/C-5［图3-27（e）］其次。由此可知，TiO$_2$/C-3对亚甲基蓝的紫外光催化效果最好，主要是因为TiO$_2$/C-3中因适量的TiO$_2$与碳的比例，既有利于对亚甲基蓝的吸附，又有利于对其进行降解。

（3）样品对20mg/L亚甲基蓝紫外光催化降解曲线

图3-28为样品及P25在紫外光照下对亚甲基蓝的光催化降解曲线，本实验中在50mg/L亚甲基蓝溶液中加入50mg样品。

由图3-28可以看出，本研究制备的五组样品对亚甲基蓝的光催化降解效果均优于相同条件下P25对亚甲基蓝的光催化效果，因为TiO$_2$/C中碳的吸附作用与TiO$_2$的光催化作用协同效应，因此其性能优于仅有光催化效果的P25。五组样品在前30min对亚甲基蓝的吸附作用为随着TiO$_2$含量的增加而下降，即TiO$_2$/

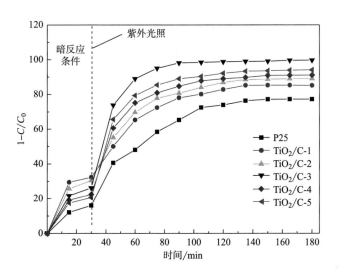

图3-28 样品对亚甲基蓝的紫外光催化降解曲线

C-1 > TiO$_2$/C-2 > TiO$_2$/C-3 > TiO$_2$/C-4 > TiO$_2$/C-5，这是因为随着TiO$_2$含量的增加，其中碳的含量减少，表明样品对亚甲基蓝的吸附主要源于其中贡献孔结构的碳。而当紫外光开始照射后，吸附在TiO$_2$纳米颗粒周围的亚甲基蓝被降解，其降解效果遵循如下规律：TiO$_2$/C-3 > TiO$_2$/C-5 > TiO$_2$/C-4 > TiO$_2$/C-2 > TiO$_2$/C-1。这种现象可做如下解释：TiO$_2$/C-1尽管有相对较大的比表面积（表3-5），在单位时间内对亚甲基蓝有更大的吸附量，但因其中TiO$_2$含量偏少，在单位时间可降解亚甲基蓝大分子的能力有限；而TiO$_2$/C-5中尽管因TiO$_2$含量高，在单位时间可降解亚甲基蓝大分子的能力更大，但由于其比表面积较小，在单位时间内对亚甲基蓝的吸附量较小；对TiO$_2$/C-3而言，在相同时间内有相对更多的亚甲基蓝分子被吸附到样品表面，随之在光照下均匀镶嵌在其中的TiO$_2$纳米粒子对亚甲基蓝分子做出响应而使亚甲基蓝大分子降解，因此可以认为TiO$_2$/C-3的优异光催化性能来自其较大比表面积和适量的TiO$_2$光催化剂的协同作用的结果。进一步说明TiO$_2$/C杂化气凝胶对亚甲基蓝的光催化降解效果受两方面因素的影响：一是样品对亚甲基蓝的吸附；二是嵌套在基底碳中的TiO$_2$对亚甲基蓝分子的降解，且当两者比例达到TiO$_2$设计质量为3.80 g（TiO$_2$/C-3）时可起到协同增效的效果。

3.2.10.2 可见光催化降解亚甲基蓝性能研究

图3-29为样品对10mg/L亚甲基蓝可见光催化降解率，本节在50mL亚甲基蓝溶液中加入25mg样品。

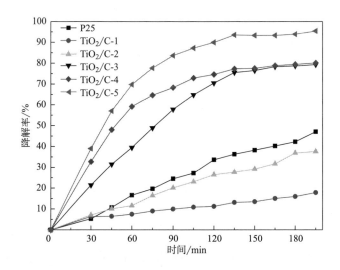

图3-29　样品对亚甲基蓝的可见光催化降解曲线

由图3-29可以看出，在可见光照射下，样品对亚甲基蓝的光催化降解效率遵循规律如下：$TiO_2/C-5 > TiO_2/C-4 > TiO_2/C-3 > P25 > TiO_2/C-2 > TiO_2/C-1$。这种现象可做如下解释：$TiO_2/C-5$中因$TiO_2$含量高，在单位时间可降解亚甲基蓝大分子的能力更大，$TiO_2/C-1$尽管有相对较大的比表面积（表3-5），在单位时间内对亚甲基蓝有更大的吸附量，但因其中TiO_2含量偏少，在单位时间可降解亚甲基蓝大分子的能力有限；P25在可见光照射下的光降解率之所以高于本节样品$TiO_2/C-2$和$TiO_2/C-1$，是因为在相同质量下P25中TiO_2含量更高，因此表现出较高的光催化活性。

亚甲基蓝溶液体系呈现碱性环境，催化剂表面带负电荷，不利于·OH的生成，因此发生在反应液液相中由·OH引起的光催化降解作用较小。但是由于异种电荷的吸引作用及无定形碳的存在，非常有利于亚甲基蓝在样品颗粒表面的吸附，同时由于本样品的孔隙主要为中、大孔，且比表面积较大，此时样品的吸附与催化协同作用共同促进亚甲基蓝的降解，因此在紫外光照下，因 TiO_2/C–3具有较大的吸附容量及适量的TiO_2和碳的比例，其紫外光催化降解效率最高。

可见光照下的光催化降解亚甲基蓝通过液相中·OH与未被激发的低能态亚甲基蓝反应来实现。其中无定形碳的存在扩展了催化剂的光响应范围。可见光激发后电子经碳传输，空穴移向TiO_2价带，这样阻止了电子与空穴的复合。空穴与体系中的H_2O反应可以生成·OH，电子通过一系列作用也可以生成·OH，因此在该体系中有大量·OH生成。体系中被吸附到TiO_2周围的绝大多数亚甲基蓝在可见光照下处于激发态，激发态电子转移到TiO_2导带，这样实现了亚甲基蓝的降解作用，此时TiO_2在其中起到电子跃迁纽带作用，TiO_2的含量越高则越有利于更多电子的跃迁，因此在可见光照射下，TiO_2含量最高的TiO_2/C–5具有最高的光催化降解作用。

3.2.11　小结

本节在上一节研究结论的基础上，采用四氯化钛为钛源前驱体，钛源前驱体质量以TiO_2计的质量分别为2.65g、3.03g、3.80g、4.93g、5.31g制备五组样品，采用XRD、SEM、TEM、EDS、N_2吸附—脱附等温线、拉曼光谱、紫外—可见漫反射、XPS等表征手段对样品进行全面表征，并分别对10mg/L和20mg/L亚甲基蓝溶液在紫外光和可见光下进行光催化活性实验，结果表明：

① 样品的XRD图表明在25.5°、37.8°、48.3°、54.1°和62.8°分别为锐钛矿型（101）（004）（200）（105）（204）晶面，没有金红石和板钛矿晶型结构，同时在扫描的广角范围内没有发现碳的峰，表明复合气凝胶中的碳以无定形形式存在。

② 样品SEM和TEM表征表明，样品由8～9nm的TiO_2颗粒和碳纳米颗粒组成，且TiO_2纳米颗粒嵌套在无定形基底碳中，且复合气凝胶中TiO_2的纳米网络结构与碳的网络结构相互交织而独立形成各自的网络结构。复合气凝胶有各纳

米颗粒聚集形成聚积体堆积的大孔，且聚积体尺寸随着钛源前驱体含量的增加而逐步减小。

③ N_2 吸附—脱附等温线表明 $TiO_2/C-3$ 在相对压力较高段有较大的吸附容量，五组样品中 $TiO_2/C-1$ 的比表面积最大，达237。

④ 由XPS表征表明，本样品中有Ti、C、O三种元素，其中Ti以 Ti^{4+} 形式存在。

⑤ 分别采用紫外光照和可见光照对亚甲基蓝光催化实验表明，在紫外光照下，样品对亚甲基蓝的吸附与催化协同作用共同促进亚甲基蓝的降解，此时经紫外光照180min后，$TiO_2/C-3$ 具有最高的亚甲基蓝光催化降解率；在可见光照下，亚甲基蓝的敏化作用与 TiO_2 的电子跃迁作用共同促进亚甲基蓝的降解，此时经可见光照180min后，具有最高 TiO_2 含量的 $TiO_2/C-5$ 对亚甲基蓝的可见光催化降解效率最高。

3.3 络合剂对复合气凝胶的性能影响研究

3.2节研究了不同 TiO_2 设计质量对 TiO_2/C 复合气凝胶的结构和性能的影响，研究表明当二氧化钛设计质量为3.8g时，样品中二氧化钛颗粒分散最均匀，样品对亚甲基蓝的光催化活性达到最佳，主要源于此设计配方中二氧化钛的光催化作用和碳的吸附作用达到协同增效的效果。本研究样品配方中乙酰乙酸乙酯主要起到络合作用，实验初期因没有加入乙酰乙酸乙酯时出现沉淀而无法凝胶，实验后期通过实验配方和原料的调配发现乙酰乙酸乙酯对本节制备样品起到较为重要的作用，为了研究乙酰乙酸乙酯对二氧化钛沉淀的络合作用及其影响规律，本节选择五组不同乙酰乙酸乙酯与钛的摩尔比，制备五组样品，并通过对样品结构的表征和性能研究，以探索络合剂含量对 TiO_2/C 复合气凝胶的结构和性能的影响及规律。

四氯化钛前驱体以 TiO_2 计的质量为3.80g，环氧丙烷与钛的摩尔比为6，乙酰乙酸乙酯与钛的摩尔比分别为0.1、0.3、0.5、0.7、0.9。将总质量为10g的间苯二酚（R）和糠醛（F）溶液按1：2（摩尔比）加入一定质量的无水乙醇中，磁力搅拌直至间苯二酚充分溶解，制得溶液A。根据设计配比（表2-7）称取剩余质量的无水乙醇，将乙酰乙酸乙酯滴入无水乙醇中，在冰浴状态中滴加四氯化钛，在磁力搅拌下加入环氧丙烷制得溶液B。在冰浴和磁力搅拌下将溶液A滴加到溶液B中继续搅拌直至溶液澄清透明。将溶液分装于管制瓶中，封口，在室温下静置1～2d后置于70℃水浴锅中老化5d，得到棕色的有机/无机杂化湿凝胶。

将老化后的湿凝胶置于环氧丙烷中进行溶剂交换，共交换7d，进行溶剂交换后的湿凝胶再放入高压釜中，以正己烷为介质进行超临界干燥。操作步骤如下：以2℃/min将高压釜温度升温至240℃，同时调节高压釜调节阀泄压，维持釜内压力为6MPa，釜内的样品在超临界状态下保持1h，然后缓慢泄压，自然冷却至室温即可得到TiO_2/RF杂化气凝胶。将TiO_2/RF杂化气凝胶放入竖式高温碳化炉中，在高纯氮气保护下，以5℃/min的升温速率将碳化炉内温度升至800℃，并在该温度下保持3h，得到TiO_2/C杂化气凝胶。为方便以后的讨论，本节所得样品分别标记为合成配方表2-7中的样品编号。

气凝胶的吸附性能及光催化反应在上海比朗仪器有限公司生产的BL-GHX-V光反应仪中进行，紫外光源为500W高压汞灯，可见光源为500W氙灯。进行光反应之前先进行避光暗吸附。光照反应进行如下：称取一定量样品，加入装有50mL一定浓度的亚甲基蓝溶液（本节目标降解物亚甲基蓝的浓度为20mg/L浓度，样品分散在亚甲基蓝溶液中的浓度为0.4g/L、0.6 g/L、0.8g/L）的石英管中。光照前混合液先经超声混合5min，再避光搅拌30min，以达吸附—脱附平衡，光照开始后，每隔15min移取5mL悬浊液。经过滤器（13mm×0.45μm）过滤移取过滤后的清液，由北京普析通用仪器有限公司生产的TU1810型紫外—可见分光光度计测定其在660nm处的吸光度。由对亚甲基蓝的降解率D评估不同样品的催化活性。亚甲基蓝的降解率D由光反应时间t时经过滤后清液的吸光度（A_t）与光催化前反应初始吸光度（A_0）计算所得，公

式为:

$$D = \left[\left(A_0 - A_t \right) / A_0 \right] \times 100\%$$

3.3.1 表观性能与表观密度

表3-6为样品的表观性能、表观密度和TiO_2的质量百分比。

表3-6　气凝胶表观性能及表观密度

样品编号	制备后的颜色	碳化前的颜色	碳化后的颜色和性能	密度/g·cm⁻³	TiO_2的含量/%（质量分数）
1-TiO₂/C	淡褐色	褐色	黑色、轻质、易碎	0.24	36.77
2-TiO₂/C	淡褐色	褐色	黑色、轻质、易碎	0.22	37.74
3-TiO₂/C	淡褐色	褐色	黑色、轻质、易碎	0.21	39.22
4-TiO₂/C	淡褐色	褐色	黑色、轻质、易碎	0.19	38.84
5-TiO₂/C	淡褐色	褐色	黑色、轻质、易碎	0.18	35.22

由表3-6可知，五组样品的密度数据显示随着络合剂含量的增加，样品的密度有不同程度的下降，五组样品TiO_2的设计质量尽管相同，但随着络合剂含量的增加，实测TiO_2质量百分比先有不同程度的增加而后却有所下降。这种现象可能源于络合剂乙酰乙酸乙酯对TiO_2晶粒增长的阻碍作用造成的。

3.3.2 XRD图

图3-30为样品的XRD图，25.5°、37.8°、48.3°、54.1°和62.8°分别为锐钛矿型（101）（004）（200）（211）（204）晶面，没有金红石和板钛矿晶型结构。在扫描的广角范围内没有发现碳的峰，表明复合气凝胶中的碳以无定形形式存在。尽管碳化温度高达800℃，但没有出现从锐钛矿型向金红石型的转变，是因为复合气凝胶中无定形碳的存在阻碍了晶型转变过程的发生。样

品101晶面半峰宽值见表3-7。

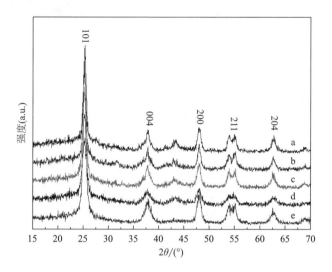

图3-30　样品的XRD图

a—1-TiO₂/C　b—2-TiO₂/C　c—3-TiO₂/C　d—4-TiO₂/C　e—5-TiO₂/C

表3-7　样品的半峰宽

样品编号	1-TiO$_2$/C	2-TiO$_2$/C	3-TiO$_2$/C	4-TiO$_2$/C	5-TiO$_2$/C
半峰宽/（°）	0.6	0.7	0.8	1.1	0.9

由表3-7可知，半峰宽大小规律为：4-TiO$_2$/C > 5-TiO$_2$/C > 3-TiO$_2$/C > 2-TiO$_2$/C > 1-TiO$_2$/C；相应地样品粒径大小规律则正好相反：1-TiO$_2$/C > 2-TiO$_2$/C > 3-TiO$_2$/C > 5-TiO$_2$/C > 4-TiO$_2$/C。

3.3.3　TEM图和EDS图

由图3-31可以看出，4-TiO$_2$/C和5-TiO$_2$/C两组样品中TiO$_2$晶粒更小，分散更加均匀，这与XRD图所观察到的和表3-7的结果一致，表明乙酰乙酸乙酯的加入，在高温碳化时对TiO$_2$晶粒的生长起到了阻碍作用。由图可以看出，1-TiO$_2$/C样品中没有形成聚积体的堆积孔，相应的其比表面积也最小；而3-TiO$_2$/C、

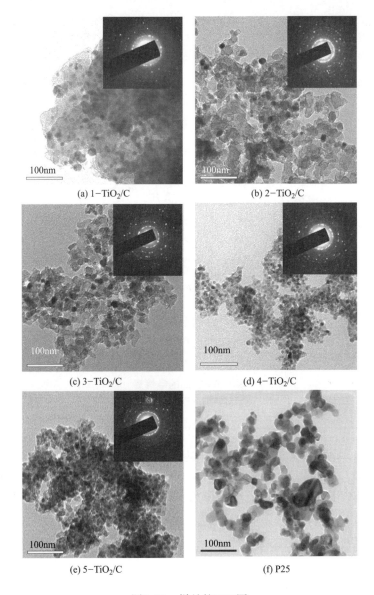

(a) 1-TiO₂/C   (b) 2-TiO₂/C

(c) 3-TiO₂/C   (d) 4-TiO₂/C

(e) 5-TiO₂/C   (f) P25

图3-31 样品的TEM图

4-TiO_2/C和5-TiO_2/C由不同程度的二次聚集产生的堆积孔，同时由于样品中碳的存在，同时也有微介孔存在，而P25则主要为TiO_2晶粒聚集形成的堆积孔。

图3-32和表3-8为五组样品的EDS图及样品中元素原子百分比，由图3-32可以看出，样品由C、O、Ti三种元素组成。

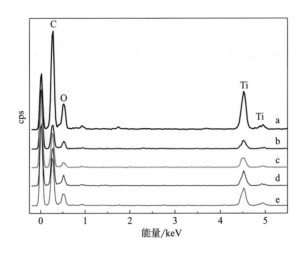

图3-32　样品的EDS图

a—1-TiO₂/C　b—2-TiO₂/C　c—3-TiO₂/C　d—4-TiO₂/C　e—5-TiO₂/C

表3-8　样品中元素原子百分比

元素	1-TiO₂/C	2-TiO₂/C	3-TiO₂/C	4-TiO₂/C	5-TiO₂/C
C/%	79.74	78.22	87.00	81.74	80.71
O/%	13.53	16.03	7.22	11.69	12.80
Ti/%	6.74	5.76	5.78	6.57	6.49

由图3-32可以看出，样品中主要存在C、O、Ti三种元素，其中1-TiO₂/C的Ti峰强度更高，表明其中Ti的含量也更高，这与表3-8所列结果相一致。

由表3-8可以看出，五组样品的碳元素原子百分比相近，表明相同条件下五组样品碳含量相当，这是因为本节前驱体含量设计质量相同，在醇解过程中与碳的结合也相当。

3.3.4　SEM图

由图3-33可以看出，五组样品因颗粒的聚集而形成的大孔大小不均匀，图3-33中a、b和e对应于样品1-TiO₂/C、2-TiO₂/C和5-TiO₂/C，这三组样品中既有大孔，也有小孔，而图3-33中c、d对应于3-TiO₂/C和4-TiO₂/C，这两组样品中的孔分布则比较均匀。

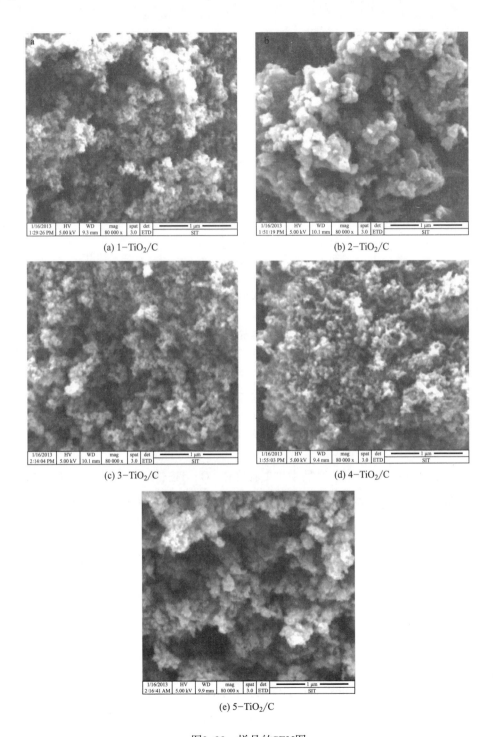

(a) 1−TiO₂/C (b) 2−TiO₂/C

(c) 3−TiO₂/C (d) 4−TiO₂/C

(e) 5−TiO₂/C

图3-33　样品的SEM图

3.3.5　氮气吸附图

图3-34为不同络合剂含量五组气凝胶的N_2吸附—脱附等温曲线及孔径分布图。

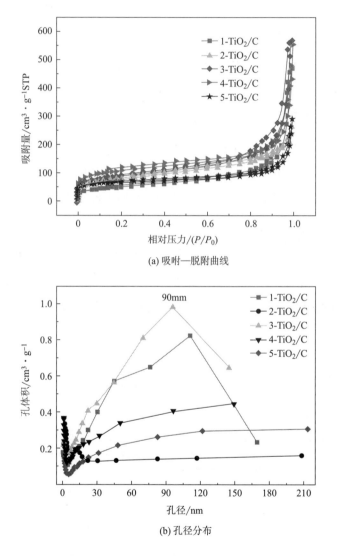

(a) 吸附—脱附曲线

(b) 孔径分布

图3-34　样品的N_2吸附—脱附曲线及BJH孔径分布图

由图3-34（a）可以看出，五组不同络合剂含量制备的TiO₂/C复合气凝胶，其N_2吸附—脱附等温线都存在滞后环，参考IUPAC的分类可知该种吸附等温线为Ⅳ型中的H4滞后环，表明样品具有内部中空的不规则中孔结构及较宽的尺寸分布。在相对压力较高段，吸附容量遵循：$3-TiO_2/C \approx 4-TiO_2/C > 1-TiO_2/C \approx 2-TiO_2/C > 5-TiO_2/C$。相对压力小于0.1部分对应于微孔的单分子层吸附，此区段气凝胶的吸附量变化规律与相对压力较高段相同，即$4-TiO_2/C \approx 3-TiO_2/C > 2-TiO_2/C \approx 5-TiO_2/C > 1-TiO_2/C$。

由图3-34（b）可以观察到五组样品的孔径呈双峰分布：微孔（2nm）和大孔（90nm），前者来自碳基底或TiO_2纳米粒子间的孔隙，后者来自二次团聚后大颗粒之间的堆积孔。微孔段孔容大小遵循：$4-TiO_2/C > 3-TiO_2/C > 1-TiO_2/C > 2-TiO_2/C > 5-TiO_2/C$，理论上$5-TiO_2/C$因加入络合剂乙酰乙酸乙酯的摩尔比最大，其中可贡献微孔的碳含量最多，其微孔孔容也最大，而实际结果正好相反，表明络合剂乙酰乙酸乙酯的加入经高温焙烧后并不一定能提供更多的微孔碳。大孔段孔容大小规律遵循：$3-TiO_2/C > 1-TiO_2/C > 4-TiO_2/C > 5-TiO_2/C > 2-TiO_2/C$，主要是因为$TiO_2/RF$气凝胶在碳化过程中碳有机骨架有不同程度的塌陷，$3-TiO_2/C$因适当的$TiO_2$含量及络合剂乙酰乙酸乙酯的添加量而使其相互支撑力度比较大，坍塌比较小，因而其中大孔孔容最大，见表3-9。

表3-9　样品孔结构参数

样品编号	比表面积/ $m^2 \cdot g^{-1}$	外表面积/ $m^2 \cdot g^{-1}$	平均孔径[①]/ nm	介孔孔容/ $cm^3 \cdot g^{-1}$	微孔孔容/ $cm^3 \cdot g^{-1}$
$1-TiO_2/C$	176.7	164.9	16.5	0.73	0.006
$2-TiO_2/C$	271.2	248.5	6.0	0.41	0.01
$3-TiO_2/C$	298.9	219.5	11.7	0.87	0.04
$4-TiO_2/C$	361.4	248.3	9.5	0.85	0.06
$5-TiO_2/C$	214.5	103.3	8.3	0.44	0.06
P25[②]	55	—	—	0.25	—

①D_p为有N_2吸附等温线计算所得样品平均孔径；②P25的数据来自文献。

3.3.6 拉曼光谱图

由图3-35可以看出，在151cm⁻¹、203cm⁻¹、391cm⁻¹、511cm⁻¹、630cm⁻¹处出现了比较明显的峰。在1590cm⁻¹和1340cm⁻¹处有明显的峰，分别为G峰和D峰，它们为其中的碳材料。G峰是由C—C键的sp^2杂化产生。由文献报道可知，D峰和G峰的峰宽及I_D/I_G值反映碳的结晶化程度，值越大表明越处于无序化状态。由图3-35可以看出，本研究制备的复合气凝胶中I_D值明显高于I_G值，因此I_D/I_G值较大，表明其中的碳为无定形碳。同时由图3-35可以看出2-TiO₂/C和3-TiO₂/C的G峰强度明显高于其他几组样品，而5-TiO₂/C几乎没有出现TiO₂的峰，有可能是在扫描范围内没有TiO₂存在。

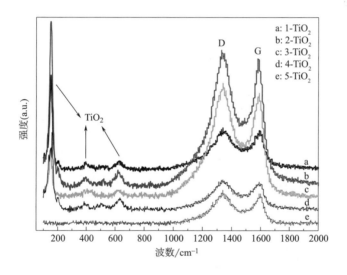

图3-35 样品的拉曼光谱图

3.3.7 紫外—可见漫反射图

图3-36为样品的紫外—可见漫反射图，由图3-36（a）可以看出，由于碳的存在加强了样品在可见光波段的吸收强度。由图3-36（b）可知各样品吸收带波长从大到小分别为：3-TiO₂/C为442nm，2-TiO₂/C为426nm，1-TiO₂/C为

418nm，4-TiO$_2$/C 为411 nm，5-TiO$_2$/C和P25为393nm，由此可知3-TiO$_2$/C的吸收带红移至更大的吸收波长，表明该样品中TiO$_2$的能带间隙较小。据文献报道，石墨烯-P25复合材料的吸收波长为405nm，3-TiO$_2$/C的红移波长大于石墨烯-P25复合材料的红移波长。同时，五组样品在可见光区的吸收能力变化趋势如下：4-TiO$_2$/C > 5-TiO$_2$/C > 2-TiO$_2$/C > 1-TiO$_2$/C > 3-TiO$_2$/C，表明4-TiO$_2$/C在可见光区的吸收能力最强。

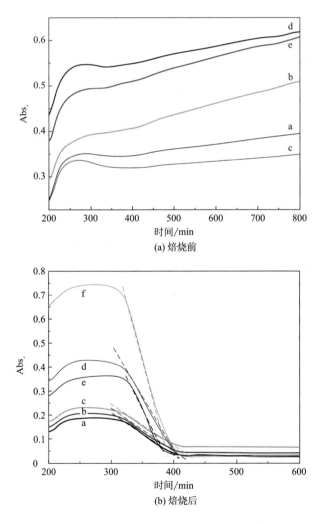

(a) 焙烧前

(b) 焙烧后

图3-36　样品焙烧前后的紫外—可见漫反射图

a—1-TiO$_2$/C　b—2-TiO$_2$/C　c—3-TiO$_2$/C　d—4-TiO$_2$/C　e—5-TiO$_2$/C　f—P25

3.3.8　原位红外光谱图

图3-37为样品的原位红外曲线。

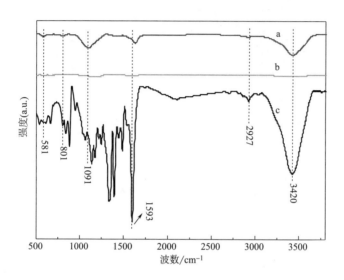

图3-37　样品3-TiO₂/C的原位红外图

a—吸附30min后　　b—紫外光降解150min后　　c—亚甲基蓝

由图3-37可以看出，a、c在3420cm⁻¹处有较强的吸收，该处为样品中的羟基峰，而降解后的样品在此处没有吸收，表明其中有机成分均被充分降解；2927cm⁻¹处为饱和C—H键的伸缩振动峰；1369.4cm⁻¹处可能是Ti—OH的吸收峰；1705.6cm⁻¹处可能为C=O键的吸收峰；1091cm⁻¹处为O—O键的吸收峰；1593 cm⁻¹处为H—O—H键的吸收峰。

3.3.9　紫外光催化性能研究

本节研究了不同样品投入量对亚甲基蓝的紫外光催化降解性能，图3-38为往50mL亚甲基蓝溶液（20mg/L）中分别加入20mg、30mg和40mg样品的紫外光催化降解曲线。

由图3-38（a）可以看出，当样品投加浓度为0.4g/L时，前30min的吸附

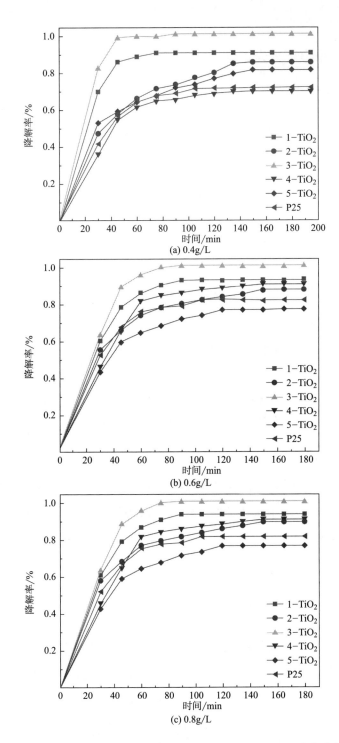

图3-38　在紫外光照射下不同样品分散浓度对亚甲基蓝的光催化降解率

容量大小遵循如下规律：$3-TiO_2/C > 1-TiO_2/C > 5-TiO_2/C > 2-TiO_2/C > P25 >$ $4-TiO_2/C$，而180 min紫外光照后的光催化降解率大小趋势为：$3-TiO_2/C >$ $1-TiO_2/C > 2-TiO_2/C > 5-TiO_2/C > 4-TiO_2/C \approx P25$。由图3-38（b）可以看出，当样品投加浓度为0.6g/L时，前30min的吸附容量大小遵循如下规律：$3-TiO_2/$ $C > 1-TiO_2/C > 2-TiO_2/C > P25 > 4-TiO_2/C > 5-TiO_2/C$，而180min紫外光照后的光催化降解率大小趋势为：$3-TiO_2/C > 1-TiO_2/C > 4-TiO_2/C > 2-TiO_2/C > P25 >$ $5-TiO_2/C$。由图3-38（c）可以看出，当样品投加浓度为0.8 g/L时，前30min的吸附容量大小遵循如下规律：$3-TiO_2/C \approx 1-TiO_2/C > 2-TiO_2/C > P25 > 4-TiO_2/$ $C \approx 5-TiO_2/C$，而180min紫外光照后的光催化降解率大小趋势为：$3-TiO_2/C >$ $1-TiO_2/C > 4-TiO_2/C \approx 2-TiO_2/C > P25 > 5-TiO_2/C$；样品投加量为0.6g/L和0.8g/L时，经180min光照后的光催化降解率变化趋势与UV—vis漫反射率的变化趋势一致，表明光通过散射实现吸收对提高样品的光催化活性起着较为重要的作用。对于$3-TiO_2/C$样品，经1800min光照后的光催化降解率均为101%，样品投加量的多少对其光催化降解率没有影响，表明样品投加量的多少并不是影响其光催化性能的决定性因素。

3.3.10　小结

通过对样品的XRD、SEM及TEM等表征手段分析得知，随着乙酰乙酸乙酯的加入量增加，尽管TiO_2的设计质量相同，但样品中TiO_2晶粒的大小却逐渐减小，这是因为随着乙酰乙酸乙酯的增加，样品中更多的碳含量阻碍了TiO_2晶粒的生长。通过添加不同样品投加量在紫外光照下对亚甲基蓝光催化降解实验可知，尽管样品的投入量增加，但具有最佳光催化降解效果的样品在180min的光照后的光催化降解率仍然维持不变，这是因为样品中TiO_2含量是确定的，它们对亚甲基蓝的吸附容量和降解能力是一定的，因此增加样品投加量并不能提高样品对亚甲基蓝的光催化降解效率。

本节在上一节研究结论的基础上，采用四氯化钛为钛源前驱体，钛源前驱体的质量为3.80g（以TiO_2计），络合剂乙酰乙酸乙酯与钛的摩尔比分别为0.1、

0.3、0.5、0.7、0.9制备五组样品，采用XRD、SEM、TEM、EDS、N_2吸附—脱附等温线、拉曼光谱、紫外—可见漫反射等表征手段对样品进行全面表征，并对20 mg/L亚甲基蓝溶液在紫外光照下进行光催化活性实验，对比研究了样品在亚甲基蓝溶液中的浓度为0.4g/L、0.6g/L和0.8g/L三种不同样品投加量对亚甲基蓝的光催化降解效果，结果表明：

① 样品的XRD图表明在25.5°、37.8°、48.3°、54.1°和62.8°分别为锐钛矿型（101）（004）（200）（105）（204）晶面，没有金红石和板钛矿晶型结构，同时在扫描的广角范围内没有发现碳的峰，表明复合气凝胶中的碳以无定形形式存在。

② 样品SEM和TEM表征表明，因络合剂乙酰乙酸乙酯加入量的不同，样品中TiO_2纳米颗粒也不同，4–TiO_2/C和5–TiO_2/C的晶粒最小，1–TiO_2/C晶粒最大。

③ N_2吸附—脱附等温线表明，4–TiO_2/C在相对压力较高段有较大的吸附容量，五组样品中4–TiO_2/C的比表面积最大达361.4m²/g。

④ 五组样品对亚甲基蓝的紫外光催化降解曲线表明，3–TiO_2/C对亚甲基蓝的光催化降解率最高，这是源于其相对较大的比表面积、适中的TiO_2晶粒大小及较大的吸附容量。

⑤ 由光催化降解曲线可以看出，随着样品投加量的增加并没有提高样品的光催化降解率，表明样品对亚甲基蓝的光催化降解能力是有限的，当样品投入量增加时，尽管可能有更多亚甲基蓝吸附到样品周围，但其有限的降解能力并不能及时将吸附到周围的全部量都降解。

第4章 铈、钕掺杂二氧化钛/碳复合气凝胶的 制备及光催化性能研究

稀土元素的掺杂能够抑制锐钛矿结构的TiO_2在高温下的相变，提高相同条件下TiO_2纳米颗粒的催化活性。许多研究表明，稀土改性具有一个最佳浓度。引入浓度过低，半导体没有足够捕获光生载流子的陷阱，光生电子和空穴不能达到最有效分离；引入浓度过高，会导致表面光生载流子复合中心增多，降低光催化效率。为了研究稀土元素铈和钕的掺杂对TiO_2/C复合气凝胶性能的影响及最佳掺铈量，本章在发生溶胶—凝胶反应时加入硝酸铈和硝酸钕，并改变其加入量或者以不同配比制备样品，并对样品性能进行全面表征，通过光催化降解亚甲基蓝考察其光催化活性。

4.1 掺铈二氧化钛/碳复合气凝胶的性能评价与分析

四氯化钛前驱体的质量分别为3.80g（以TiO_2计），环氧丙烷与钛的摩尔比为6，乙酰乙酸乙酯与钛的摩尔比为0.6，硝酸铈占TiO_2的质量百分比分别为0、1%、2%、3%、4%、5%。将总质量为10g的间苯二酚（R）和糠醛（F）溶液按1∶2（摩尔比）加入一定质量的无水乙醇中，磁力搅拌直至间苯二酚充分溶解，将称量好的硝酸铈加入溶液中充分搅拌直至溶解，制得溶液A。根据设计配比（表2-8）称取剩余质量的无水乙醇，将乙酰乙酸乙酯滴入无水乙醇中，

在冰浴状态中滴加四氯化钛，在磁力搅拌下加入环氧丙烷制得溶液B。在冰浴和磁力搅拌下将溶液A滴加到溶液B中继续搅拌直至溶液澄清透明。将溶液分装于管制瓶中，封口，在室温下静置1~2d后置于70℃水浴锅中老化5d，得到棕色的有机/无机杂化湿凝胶。

将老化后的湿凝胶置于环氧丙烷中进行溶剂交换，共交换7d，进行溶剂交换后的湿凝胶再放入高压釜中，以正己烷为介质进行超临界干燥。操作步骤如下：以2℃/min将高压釜温度升温至240℃，同时调节高压釜调节阀泄压，维持釜内压力为6MPa，釜内的样品在超临界状态下保持1h，然后缓慢泄压，自然冷却至室温即可得到TiO$_2$/RF杂化气凝胶。将TiO$_2$/RF杂化气凝胶放入竖式高温碳化炉中，在高纯氮气保护下，以5℃/min的升温速率将碳化炉内的温度升至800℃，并在该温度下保持3h，得到掺铈TiO$_2$/C复合气凝胶。为方便以后的讨论，本节所得样品分别标记为合成配方表2-8中的样品编号。

气凝胶的吸附性能及光催化反应在上海比朗仪器有限公司生产的BL-GHX-V光反应仪中进行，紫外光源为500W高压汞灯，可见光源为500W氙灯。进行光反应之前先进行避光暗吸附。光照反应进行如下：称取一定量样品，加入装有50mL一定浓度（本节主要研究10mg/L和20mg/L两种浓度）的亚甲基蓝溶液的石英管中。光照前混合液先经超声混合5min，再避光搅拌30min，以达吸附—脱附平衡，光照开始后，每隔15min移取5mL悬浊液。经过滤器（13mm×0.45μm）过滤移取过滤后的清液，由北京普析通用仪器有限公司生产的TU1810型紫外—可见分光光度计测定其在660nm处的吸光度。由对亚甲基蓝的降解率D评估不同样品的催化活性。亚甲基蓝的降解率D由光反应时间t时经过滤后清液的吸光度（A_t）与光催化前反应初始吸光度（A_0）计算所得，公式为：

$$D = [(A_0 - A_t)/A_0] \times 100\%$$

4.1.1　表观性能与表观密度

由图4-1可以看出，两者颜色不同，前者较后者深，后者看上去更透明。

(a) 未掺铈　　　　　　　　　　　　　(b) 掺铈量为3%

图4-1　掺铈量对溶胶颜色的影响

由表4-1可以看出，随着掺Ce量的增加，样品的密度和TiO$_2$与Ce的质量分数都略有增大，表明Ce的增加有利于Ti—O—Ti键的结合，且样品中TiO$_2$的醇解缩合更加致密。

表4-1　气凝胶表观性能及表观密度

样品编号	制备后颜色	碳化前的颜色	碳化后的颜色和性能	表观密度/ g·cm^{-3}	TiO$_2$和Ce的含量/% （质量分数）
TiO$_2$/C-Ce%-0	淡褐色	褐色	黑色、轻质、易碎	0.21	40.1
TiO$_2$/C-Ce%-1	淡褐色	褐色	黑色、轻质、易碎	0.25	41.2
TiO$_2$/C-Ce%-2	淡褐色	褐色	黑色、轻质、易碎	0.25	43.1
TiO$_2$/C-Ce%-3	淡褐色	褐色	黑色、轻质、易碎	0.26	45.4
TiO$_2$/C-Ce%-4	淡褐色	褐色	黑色、轻质、易碎	0.28	46.6
TiO$_2$/C-Ce%-5	淡褐色	褐色	黑色、轻质、易碎	0.30	47.5

4.1.2　XRD图

由图4-2可知，样品中只有TiO$_2$的特征峰，没有出现C和Ce的特征峰，表明

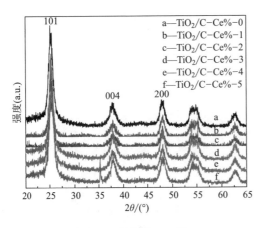

图4-2 样品的XRD图

样品中的碳为无定形，Ce则没有形成晶体。

4.1.3 SEM图和TEM图

由图4-3可以看出，由于稀土元素Ce的掺入，样品的微观形貌发生了较大的变化，没有掺入Ce的样品TiO₂/C-Ce%-0为较松散的微观结构；TiO₂/C-Ce%-1为较大的片状结构，TiO₂/C-Ce%-3呈现为较均匀的晶粒状；TiO₂/C-Ce%-2和TiO₂/C-Ce%-5呈现为不规则的晶粒分布；TiO₂/C-Ce%-4为较致密的结构。

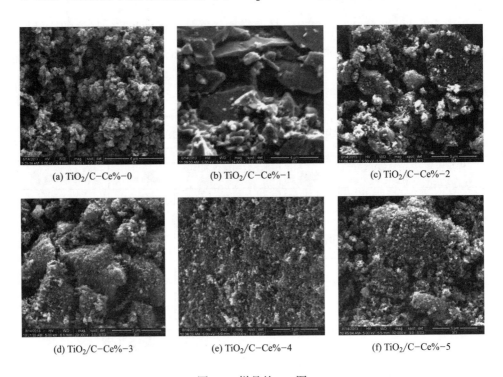

(a) TiO₂/C-Ce%-0　　　　(b) TiO₂/C-Ce%-1　　　　(c) TiO₂/C-Ce%-2

(d) TiO₂/C-Ce%-3　　　　(e) TiO₂/C-Ce%-4　　　　(f) TiO₂/C-Ce%-5

图4-3 样品的SEM图

图4-4中颜色较淡的为无定形的碳，颜色较深的为TiO₂颗粒，图4-4（b）

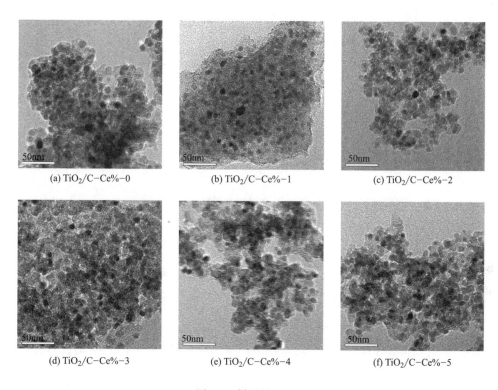

(a) TiO₂/C–Ce%–0　　　　(b) TiO₂/C–Ce%–1　　　　(c) TiO₂/C–Ce%–2

(d) TiO₂/C–Ce%–3　　　　(e) TiO₂/C–Ce%–4　　　　(f) TiO₂/C–Ce%–5

图4-4　样品的TEM图

较为致密，而图4-4（d）中TiO_2颗粒分布相对较均匀，分别对应于TiO_2/C–Ce%–1和TiO_2/C–Ce%–3，这与SEM图（图4-3）观察到的结果相一致。

由图4-5可以看出，样品中主要存在C、O、Ti、Ce四种元素，其中TiO_2/C–Ce%–1的C峰比较高，表明其中C的含量也更高。

样品中EDS元素微量分析结果见表4-2，TiO_2/C–Ce%–2和TiO_2/C–Ce%–3中钛元素的原子百分比相对较高，分别为17.30%和17.13%。样品中Ce的元素原子百分比逐步提高，源于样品合成配方中硝酸铈的设计含量逐步提高。

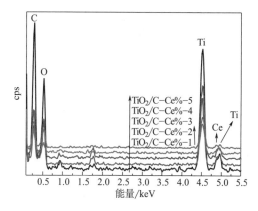

图4-5　样品的EDS图

表 4-2　样品各元素原子百分比

元素	TiO₂/C–Ce%–0	TiO₂/C–Ce%–1	TiO₂/C–Ce%–2	TiO₂/C–Ce%–3	TiO₂/C–Ce%–4	TiO₂/C–Ce%–5
C K/%	61.44	49.24	39.47	43.49	38.66	48.27
O K/%	22.41	19.58	31.23	22.94	—	19.52
Ti K/%	16.15	10.59	17.30	17.13	16.61	12.22
Ce L/%	0	0.14	0.18	0.20	0.22	0.24

4.1.4　氮气吸附等温线及孔结构参数

由图4-6（a）可以看出，六种不同铈掺量制备的TiO_2/C复合气凝胶，其N_2吸附—脱附等温线都存在滞后环，参考IUPAC的分类可知该种吸附等温线为Ⅳ型中的H4滞后环，表明样品具有内部中空的不规则中孔结构及较宽的尺寸分布。在相对压力较高段，吸附容量遵循：TiO_2/C–Ce%–3 > TiO_2/C–Ce%–4 > TiO_2/C–Ce%–5 > TiO_2/C–Ce%–2 > TiO_2/C–Ce%–0 > TiO_2/C–Ce%–1，且TiO_2/C–Ce%–3在此段的吸附容量显著高于TiO_2/C–Ce%–1。相对压力小于0.1部分对应于微孔的单分子层吸附，此区段气凝胶的吸附量变化规律与相对压力较高段相同，即TiO_2/C–Ce%–3 > TiO_2/C–Ce%–4 > TiO_2/C–Ce%–5 > TiO_2/C–Ce%–2 > TiO_2/C–Ce%–0 > TiO_2/C–Ce%–1，此段各样品之间吸附容量之间相差不大。由图4-6（b）可以观察到不同掺铈量的六种复合气凝胶的孔径呈双峰分布：微孔（2nm）和中孔（5～30nm），前者来自碳基底或TiO_2纳米粒子间的孔隙，后者来自二次团聚后大颗粒之间的堆积孔。H–K（Original）法计算微孔段孔容大小遵循：TiO_2/C–Ce%–3 > TiO_2/C–Ce%–2 ≈ TiO_2/C–Ce%–4 > TiO_2/C–Ce%–5 > TiO_2/C–Ce%–0 > TiO_2/C–Ce%–1，主要因为TiO_2/C–Ce%–3中Ce的含量适中，使该样品中TiO_2颗粒大小及碳含量适中，因而综合起来可贡献微孔的碳含量最多，TiO_2/C–Ce%–1中则因为Ce含量少，使与没有掺杂Ce的样品比较而言，样品结构比较致密而导致样品可贡献微孔有限。对中孔段孔容而言，理论上TiO_2/C–Ce%–0应该最大，TiO_2/C–Ce%–5的孔容最小；但实际结果表明该区段孔容大小遵循规律与微孔段的规律相近，即TiO_2/C–Ce%–3 > TiO_2/C–Ce%–4 > TiO_2/

C–Ce%–5 > TiO$_2$/C–Ce%–2 > TiO$_2$/C–Ce%–0 > TiO$_2$/C–Ce%–1，主要是因为TiO$_2$/RF气凝胶在碳化过程中碳有机骨架有不同程度的塌陷，TiO$_2$/C–Ce%–3因TiO$_2$含量适中且Ce含量适当，因而TiO$_2$网络支撑作用与碳骨架具有协同作用，使其中大孔段孔容最大（表4-3）。

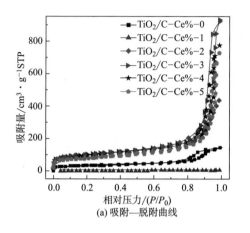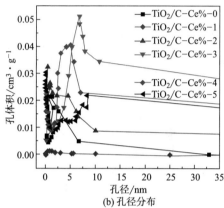

图4-6　样品的N$_2$吸附—脱附曲线及BJH孔径分布图

表4-3　样品的孔结构参数

样品编号	BET多点法/ m^2·g^{-1}	总孔体积/ mL·g^{-1}	H–K（Original）法微孔体积/mL·g^{-1}	平均孔径/ nm	H–K（Original）法中孔宽/nm
TiO$_2$/C–Ce%–0	106.04	0.22	0.04	8.25	0.69
TiO$_2$/C–Ce%–1	1.99	0.01	—	19.04	1.49
TiO$_2$/C–Ce%–2	328.05	0.68	0.13	8.28	0.68
TiO$_2$/C–Ce%–3	348.71	1.43	0.14	16.44	0.66
TiO$_2$/C–Ce%–4	329.09	1.19	0.13	14.52	0.69
TiO$_2$/C–Ce%–5	278.26	1.12	0.11	16.14	0.68

4.1.5　拉曼光谱图

由图4-7可以看出，在156.2cm^{-1}、413.3cm^{-1}、605.9cm^{-1}、630.6cm^{-1}处出现

比较明显的峰，分别为TiO₂对应的峰，相比于未掺杂Ce的样品，TiO₂的峰均有不同程度的红移，表明Ce的加入拓展了样品在可见光波段的吸收。

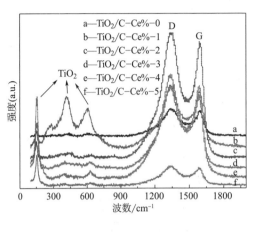

图4-7　样品的拉曼图

在1593.8cm^{-1}和1340.6cm^{-1}处有两处明显的峰，分别为G峰和D峰，它们为其中的碳材料。G峰是由C—C键的sp^{2}杂化产生。由文献报道可知，D峰和G峰的峰宽及I_D/I_G值反映碳的结晶化程度，值越大表明越处于无序化状态。由图4-7可以看出，本节制备的掺Ce复合气凝胶中I_D值明显高于I_G值，因此I_D/I_G值较大，表明其中的碳为无定形碳。

4.1.6　紫外—可见漫反射图

由图4-8可以看出，由于碳和铈的存在加强了样品在可见光波段的吸收强度。六组样品在可见光区的吸收能力变化趋势如下：TiO₂/C-Ce%-5 > TiO₂/C-Ce%-3 > TiO₂/C-Ce%-4 > TiO₂/C-Ce%-1 > TiO₂/C-Ce%-2 > TiO₂/C-Ce%-0。TiO₂/C-Ce%-5在可见光区的吸收能力最强，表明Ce的掺杂加强了样品在可见光波段的吸收。

4.1.7　原位红外光谱图

由图4-9可以看出，六组样品在3433.2cm^{-1}处有较强的吸收，该处为样品中的羟基峰；2934.1cm^{-1}处为饱和C—H键的伸缩振动峰；1369.4cm^{-1}处可能是Ti—OH的特征吸收峰；1705.6cm^{-1}

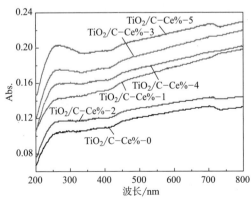

图4-8　样品的紫外—可见漫反射图

处可能为C=O键的吸收峰；644.6cm⁻¹和1444.7cm⁻¹处为Ti—O—Ti键的吸收特征峰；1108.6cm⁻¹处为O—O键的吸收特征峰；1618.6cm⁻¹处为H—O—H键的吸收特征峰。由图4-10可以看出，TiO₂/C-Ce%-3在吸附前后及光催化降解后在3433.2cm⁻¹处的峰面积不同，表明三种状态下样品所含羟基的量不同。

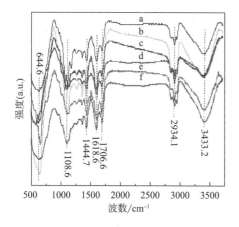

图4-9　样品的原位红外图
a—TiO₂/C-Ce%-0　b—TiO₂/C-Ce%-1
c—TiO₂/C-Ce%-2　d—TiO₂/C-Ce%-3
e—TiO₂/C-Ce%-4　f—TiO₂/C-Ce%-5

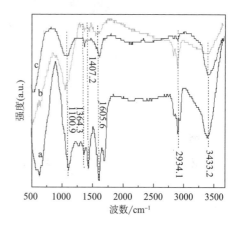

图4-10　样品TiO₂/C-Ce%-3的原位红外图
a—吸附前　b—吸附后　c—光催化降解后

4.1.8　样品光催化性能研究

4.1.8.1　紫外光催化降解亚甲基蓝性能研究

（1）样品对10mg/L亚甲基蓝紫外光催化降解率

由图4-11可以看出，加入不同样品的亚甲基蓝溶液经紫外光照过滤后的溶液基本都呈现无色透明，但样品TiO₂/C-Ce%-1（2号样品）经165min光照后仍然显示一定的蓝色，表明该样品对亚甲基蓝的光催化效果比其他几组样品要差。

图4-12为在相同亚甲基蓝（10mg/L）溶液中加入不同质量样品的紫外光催化降解曲线，从（a）到（c）依次为相同亚甲基蓝溶液量而样品在亚甲基蓝中的分散浓度逐渐增加。

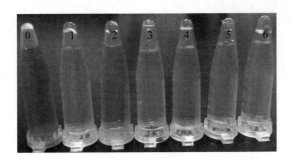

图4-11 样品对亚甲基蓝紫外光催化165min后的清液

0—无样品 1—TiO₂/C-Ce%-0 2—TiO₂/C-Ce%-1 3—TiO₂/C-Ce%-2
4—TiO₂/C-Ce%-3 5—TiO₂/C-Ce%-4 6—TiO₂/C-Ce%-5

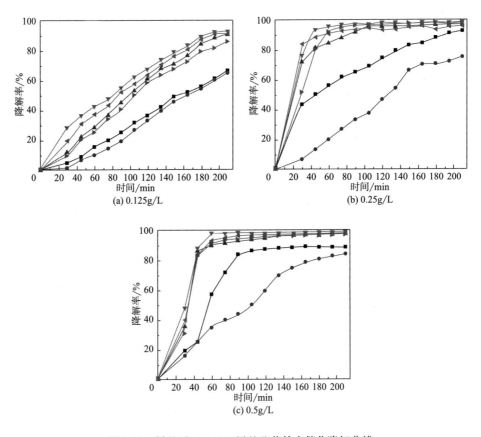

图4-12 样品对10mg/L亚甲基蓝紫外光催化降解曲线

→■— TiO₂/C-Ce%-0 →●— TiO₂/C-Ce%-1 →▲— TiO₂/C-Ce%-2 →▼— TiO₂/C-Ce%-3
→◄— TiO₂/C-Ce%-4 →►— TiO₂/C-Ce%-5

由图4-12可以看出，随着样品添加量的增加，同种样品对亚甲基蓝的光催化降解率也提高，但当样品加入量达到一定值之后，此种变化并不明显，如图4-12（c）相对于图4-12（b）中相同样品对亚甲基蓝的光催化降解效率并没有显著提高。而对于相同加入量的六组样品，以图4-12（b）为例，相同时间内TiO_2/C-Ce%-3对亚甲基蓝的光催化效果最好，TiO_2/C-Ce%-1对亚甲基蓝的光催化效果最差，这是因为TiO_2/C-Ce%-3中适中的Ce含量，适中的TiO_2晶粒大小及适量的碳含量更有利于样品对亚甲基蓝的吸附继而降解；而TiO_2/C-Ce%-1的比表面积和孔容均最小（表4-3），导致其光催化降解效率最低。

（2）样品对20mg/L亚甲基蓝紫外光催化降解率

图4-13为样品对20mg/L亚甲基蓝紫外光催化降解图，其中4-13（a）为样品在亚甲基蓝溶液中的浓度为0.8g/L时的降解曲线，图4-13（b）为样品在亚甲基蓝溶液中浓度为1g/L时的降解曲线。

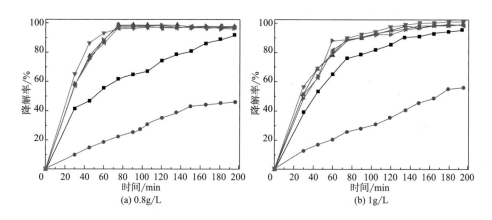

图4-13 不同样品添加量对20mg/L亚甲基蓝紫外光催化降解曲线

—■— TiO_2/C-Ce%-0 —●— TiO_2/C-Ce%-1 —▲— TiO_2/C-Ce%-2 —▼— TiO_2/C-Ce%-3
—◄— TiO_2/C-Ce%-4 —►— TiO_2/C-Ce%-5

由图4-13可以看出，在相同时间内TiO_2/C-Ce%-3、TiO_2/C-Ce%-5、TiO_2/C-Ce%-4、TiO_2/C-Ce%-2四组样品的光催化效果相当，光照165min后的降解率接近100%；而TiO_2/C-Ce%-1的光催化效果最差，光照165min后的降解率仅为40%左右。同时随着样品投加量增加对亚甲基蓝的光催化效果并没有相应变得更好，这是因为尽管样品加入量增加了，但由于有效参与光催化降解的样品量仍不变，因此其光催化效果基本保持相当。

4.1.8.2 可见光催化降解亚甲基蓝性能研究

（1）样品对10mg/L亚甲基蓝可见光催化降解率

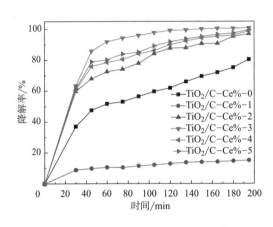

图4-14 样品对10mg/L亚甲基蓝可见光催化降解曲线

图4-14为25mg样品加入50mL亚甲基蓝溶液（10mg/L）中在可见光照射下的降解曲线。

由图4-14可以看出，其可见光催化降解亚甲基蓝效果从大到小的顺序如下：TiO$_2$/C-Ce%-3；TiO$_2$/C-Ce%-5；TiO$_2$/C-Ce%-4；TiO$_2$/C-Ce%-2；TiO$_2$/C-Ce%-0；TiO$_2$/C-Ce%-1。这种现象可做如下解释：TiO$_2$/C-Ce%-3对亚甲基蓝的可见光催化效果最好基于其相对较大的比表面积及适当的铈掺量。而TiO$_2$/C-Ce%-1的比表面积最小，其中TiO$_2$结晶颗粒过大体现出对亚甲基蓝的光催化效果最差。

（2）样品对20mg/L亚甲基蓝可见光催化降解率

图4-15为40mg样品加入50mL亚甲基蓝溶液（20mg/L）中在可见光照射下的降解曲线。

由图4-15可以看出，在相同时间内TiO$_2$/C-Ce%-3、TiO$_2$/C-Ce%-5、TiO$_2$/C-Ce%-4、TiO$_2$/C-Ce%-2四组样品的光催化效果相当，光照165min后的降解率接

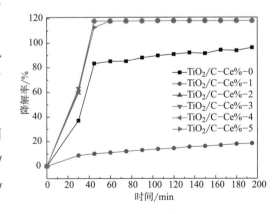

图4-15 样品对20mg/L亚甲基蓝可见光催化降解曲线

近120%，这种现象可以解释为：亚甲基蓝在可见光照射下，生成某种中间产物，而该产物在660nm处为负吸收，因此吸光度为负值，按照本研究对降解率的计算公式而得到降解率接近120%。而TiO$_2$/C-Ce%-1的光催化效果最差，光照165min后的降解率仅为20%左右。

4.1.8.3　典型样品紫外和可见光催化降解亚甲基蓝比较研究

样品TiO$_2$/C-Ce%-3对不同浓度亚甲基蓝分别在紫外光和可见光照射下的催化降解率对比如图4-16所示。

由图4-16可以看出，当亚甲基蓝浓度较高时（20mg/L）样品在可见光下对其光催化效果优于相同条件下紫外光催化效果，表明Ce的掺杂增强了样品对可见光的吸收；当亚甲基蓝浓度较低时（10mg/L），样品在紫外光和可见光照射下对其光催化效果相当。

影响半导体光催化材料的光催化性能因素可从热力学和动力学两方面进行解释。热力学上的影响因素主要有半导体导带和价带的电势、导电电子的还原能力、价带空穴的氧化能力以及半导体的光谱响应范围等。半导体

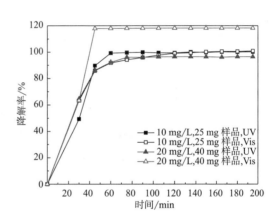

图4-16　样品TiO$_2$/C-Ce%-3对亚甲基蓝紫外—可见光催化降解率对比

的光谱响应范围主要与半导体的能带结构有关，导带边代表电子还原能力的极限，导带边越高，导带电子还原能力越强，只有还原电势在导带以下的物质才能被还原；半导体的价带边代表价带空穴氧化能力的极限，价带边越低，价带空穴的氧化能力越强，只有氧化电势在价带边以上的物质才能被氧化，其他热力学上的影响因素还包括温度、pH以及被降解物的氧化还原电势等。动力学上的影响因素主要是载流子的产生和捕获效率，只有抑制电子和空穴的复合，才能使光生载流子更有效地引发光催化反应。如果光生电子或空穴没

有被捕获剂捕获，它们会在纳秒级时间内复合，因此载流子的捕获必须足够快。除了光生载流子可直接被表面吸附的被降解物捕获外，还可被半导体表面的势阱（缺陷、·OH基团等）捕获后再向被降解物转移。所以在催化剂表面吸附的作为捕获剂的被降解物浓度或作为载流子势阱的催化剂表面基团密度对催化剂的活性有非常重要的影响。其他影响因素还有光照强度和催化剂用量等。

本章研究结果显示，$TiO_2/C-Ce\%-3$具有最优异的紫外光和可见光催化降解亚甲基蓝的性能，这是因为其中Ce的含量比较适中，不仅可使TiO_2表面形成缺陷，还使在其表面可形成更多的表面基团，从而提高了该样品的催化活性。

4.1.9 小结

本节在第3章3.2和3.3两小节研究结论的基础上，采用四氯化钛为钛源前驱体，钛源前驱体的质量为3.80g（以TiO_2计），乙酰乙酸乙酯与钛的摩尔比为0.6，硝酸铈与TiO_2的质量百分比分别为0、1%、2%、3%、4%、5%制备六组样品。采用XRD、SEM、TEM、EDS、N_2吸附—脱附等温线、拉曼光谱、紫外—可见漫反射等表征手段对样品进行全面表征，并对10mg/L亚甲基蓝溶液在紫外和可见光照下进行光催化活性实验，对比研究了该浓度下样品在亚甲基蓝溶液中的浓度为0.125g/L、0.25g/L、0.5g/L三种不同样品投加量对亚甲基蓝的光催化降解效果。20mg/L亚甲基蓝溶液在紫外和可见光照下进行光催化活性实验，对比研究了样品在该浓度下在亚甲基蓝溶液中的浓度为0.8g/L、1g/L两种不同样品投加量对亚甲基蓝的光催化降解效果，结果表明：

①样品的XRD图表明，在25.5°、37.8°、48.3°、54.1°和62.8°分别为锐钛矿型（101）（004）（200）（105）（204）晶面，没有金红石和板钛矿晶型结构，同时在扫描的广角范围内没有发现碳和铈的峰，表明复合气凝胶中的碳以无定形形式存在，Ce没有形成晶体。

②样品SEM和TEM图表明，样品中TiO$_2$纳米颗粒嵌套在无定形碳之中，TiO$_2$/C–Ce%–3的晶粒分布最均匀，TiO$_2$/C–Ce%–1晶粒最大最致密。

③N$_2$吸附—脱附等温线表明，TiO$_2$/C–Ce%–3在相对压力较高段有最大的吸附容量，六组样品中TiO$_2$/C–Ce%–3的比表面积最大，可达348.71m^2/g。

④六组样品对亚甲基蓝的紫外光催化降解曲线表明，TiO$_2$/C–Ce%–3对亚甲基蓝的光催化降解率最高，这是源于其相对较大的比表面积、适中的TiO$_2$晶粒大小及较大的吸附容量，且随着样品投加量的增加对亚甲基蓝的光催化效率有所提高，但样品添加量达到一定量后这种因样品量增加而提高催化效率的变化并不显著。

⑤样品TiO$_2$/C–Ce%–3对亚甲基蓝的紫外光和可见光催化降解曲线表明，当亚甲基蓝浓度为10mg/L时，TiO$_2$/C–Ce%–3对亚甲基蓝的光催化降解率相当；而当亚甲基蓝浓度为20mg/L时，TiO$_2$/C–Ce%–3对亚甲基蓝的可见光照下的光催化降解率高于紫外光照下的降解率，这是因为稀土元素Ce的掺杂，使样品对可见光的吸收能力更强。

⑥由光催化降解曲线可以看出，随着样品投加量从0.125g/L提高到0.25g/L时对亚甲基蓝的光催化降解率有所提高，但样品投加量从0.25g/L提高到0.5g/L时，并没有提高样品对亚甲基蓝的光催化降解率，表明样品对亚甲基蓝的光催化降解能力是有限的，当样品投入量达到一定值后再加大投加量时，尽管可能有更多亚甲基蓝吸附到样品周围，但其有限的降解能力并不能及时将吸附到周围的全部量都降解。

4.2　掺钕二氧化钛/碳复合气凝胶的性能评价与分析

4.2.1　表观性能与表观密度

表4-4为复合气凝胶在800℃空气条件下，焙烧前后的质量、颜色，以及碳的烧失率的数据。

表4-4　TiO₂/C-Nd复合气凝胶的表观性能

样品	焙烧前颜色	焙烧后颜色	焙烧前质量/g	焙烧后质量/g	碳的烧失率/%
TiO₂/C-Nd%-1	黑色	白色	0.8016	0.3121	61.06
TiO₂/C-Nd%-2	黑色	浅黄色	0.8021	0.3657	54.40
TiO₂/C-Nd%-3	黑色	浅黄色	0.8044	0.3698	54.03
TiO₂/C-Nd%-4	黑色	浅黄色	0.8007	0.3741	53.28
TiO₂/C-Nd%-5	黑色	浅黄色	0.8027	0.3500	56.40
TiO₂/C-Nd%-6	黑色	浅黄色	0.8061	0.3722	53.83

从表4-4可以看出，随着掺钕量的增加，碳的烧失率应逐渐减小，这与理论相符合。

图4-17为样品焙烧前后的照片。

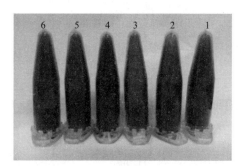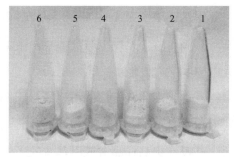

(a) 焙烧前　　　　　　　　　(b) 焙烧后

图4-17　焙烧前后的样品照片

1—TiO₂/C-Nd%-1　2—TiO₂/C-Nd%-2　3—TiO₂/C-Nd%-3　4—TiO₂/C-Nd%-4
5—TiO₂/C-Nd%-5　6—TiO₂/C-Nd%-6

从图4-17中可以看出，1号样品焙烧后的颜色为白色，它是TiO₂，说明1号样品中确实是不掺杂稀土离子；从2号样品到6号样品焙烧后的颜色为浅黄色，而且可以看出颜色在逐渐变深，所以也符合实验样品在制备过程中，钕的含量在逐渐增加。

4.2.2　SEM图和EDS图

从图4-18中可知，所制备的样品都是不规则的颗粒状，但是由于稀土元素Nd的掺入，样品的微观形貌发生了微小变化。没有掺杂Nd的样品TiO$_2$/C–Nd%–1的颗粒尺寸大；TiO$_2$/C–Nd%–2的颗粒尺寸较大、TiO$_2$/C–Nd%–3和TiO$_2$/C–Nd%–4整体呈较小的晶粒状；TiO$_2$/C–Nd%–5和TiO$_2$/C–Nd%–6的颗粒尺寸又变大，呈块状。所制备的所有样品表面都不是特别光滑，这样有利于增加样品的比表面积，可以对其性能产生影响。

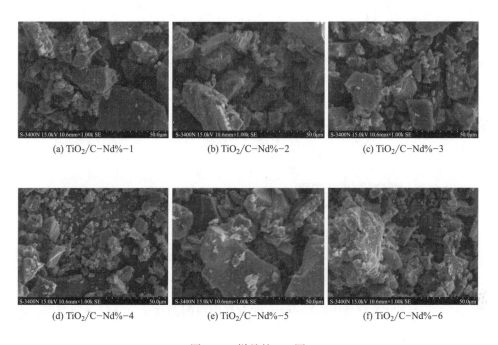

(a) TiO$_2$/C–Nd%–1　　　　(b) TiO$_2$/C–Nd%–2　　　　(c) TiO$_2$/C–Nd%–3

(d) TiO$_2$/C–Nd%–4　　　　(e) TiO$_2$/C–Nd%–5　　　　(f) TiO$_2$/C–Nd%–6

图4-18　样品的SEM图

为了探究实验中元素Nd是否掺杂到样品中，利用样品TiO$_2$/C–Nd%–6作为研究对象，利用X射线能量色谱分析样品的元素组成。图4-19为TiO$_2$/C–Nd%–6样品的主要元素组成图。

从图4-19中可以看出，TiO$_2$/C–Nd%–6样品主要包括C、Ti、O、Nd元素。C的来源主要是C气凝胶；Ti的来源主要是样品制备过程中前驱体四氯化钛的加入引起的；O的来源有在样品制备过程中焙烧时形成的TiO$_2$；Nd的来源肯定是由于掺杂剂硝酸钕的加入而产生的，表明所制备的样品中确实含有Nd。所以本方法制备的样品确实是掺杂了Nd的TiO$_2$/C气凝胶。

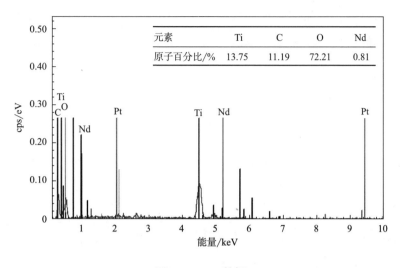

元素	Ti	C	O	Nd
原子百分比/%	13.75	11.19	72.21	0.81

图4-19　EDS数据

4.2.3　原位红外光谱图

由图4-20可知，TiO$_2$/C-Nd%-3样品在波数为3388cm^{-1}处有较强的吸收，此处为3号样品的羟基峰；波数在1647cm^{-1}处可能为C=O键的吸收峰；波数在479cm^{-1}处可能为C—S—C骨架振动，其中，波数在2389cm^{-1}处可能由于不可避免的因素，该处为空气中CO$_2$的峰。随着光照时间的延长，该峰逐渐变弱，表明亚甲基蓝被降解了。

4.2.4　XRD图

图4-21为样品的XRD图，25.2°、37.5°、47.8°、54.3°和62.5°分别为锐钛矿型（101）（004）（200）（105）（204）晶面，没有金红石和板钛矿晶型结构。在XRD图谱中，没有发现碳的峰，说明杂化气凝胶中的碳以无定形形式存在。Xu等指出在煅烧过程中稀土金属盐可以转换成稀土金属氧化物，因此可以推断Nd^{3+}以Nd$_2$O$_3$的形式分散在TiO$_2$分子的表面。因此，在XRD图谱中也没有发现钕的峰，说明可能存下如下两种状况：一是钕的掺杂量太少，导致XRD无法检测出来它的峰；二是钕在掺杂的过程中，有可能进入TiO$_2$的晶格

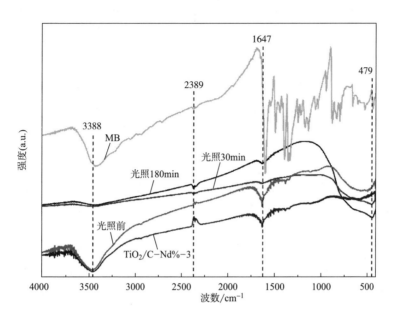

图4-20 TiO₂/C-Nd%-3的红外光谱曲线

中，使二氧化钛可能以Ti—O—Nd键的形式存在。尽管该样品的碳化温度高达500℃，但TiO₂并没有从锐钛矿型向金红石型的晶相转变，可能是因为杂化气凝胶在制备过程中由于TiO₂与高聚物分子之间有较强的交联，使样品中所含有的碳与TiO₂高度杂化，说明其中无定形碳的存在阻碍了晶型的转变。

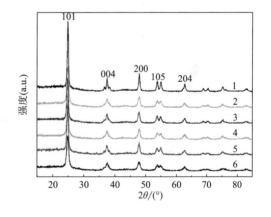

图4-21 TiO₂/C-Nd的XRD图

1—TiO₂/C-Nd%-1 2—TiO₂/C-Nd%-2 3—TiO₂/C-Nd%-3
4—TiO₂/C-Nd%-4 5—TiO₂/C-Nd%-5 6—TiO₂/C-Nd%-6

由表4-5可知，半峰宽值大小规律为：TiO₂/C-Nd%-6 >TiO₂/C-Nd%-5 = TiO₂/C-Nd%-2 >TiO₂/C-Nd%-4 >TiO₂/C-Nd%-3 >TiO₂/C-Nd%-1。

表 4-5　样品的半峰宽和晶粒大小

样品编号	TiO$_2$/C-Nd%-1	TiO$_2$/C-Nd%-2	TiO$_2$/C-Nd%-3	TiO$_2$/C-Nd%-4	TiO$_2$/C-Nd%-5	TiO$_2$/C-Nd%-6
半峰宽值/（°）	0.39	0.53	0.42	0.52	0.53	0.75
晶粒大小/nm	3.93	2.89	3.65	2.94	2.89	2.04

根据表4-5的101晶面半峰宽值和Scherrer公式：

$$D = \frac{0.9\lambda}{B\cos\theta_B} \tag{4-1}$$

式中：D 为平均晶粒粒径；λ=1.5418nm 为辐射波长；B 为衍射峰半高宽度；θ_B=25.2° 为衍射角。

计算可得：六组样品中TiO$_2$（111）晶面的半峰宽值随着Nd的掺入量的增加而增加，二氧化钛的晶粒大小在2.0～4.0nm之间。而且由表4-5可得，样品的晶粒大小规律为：TiO$_2$/C-Nd%-1 > TiO$_2$/C-Nd%-3 > TiO$_2$/C-Nd%-4 >TiO$_2$/C-Nd%-2 = TiO$_2$/C-Nd%-5 > TiO$_2$/C-Nd%-6。

这可能是因为它们在同样的碳化条件下，六组样品的半峰宽值从1～6号样品在逐渐不断地增大，可以说明钕的掺杂会抑制TiO$_2$晶粒的生长。

4.2.5　TEM图

从图4-22中可以看出非掺杂Nd元素的TiO$_2$/C杂化气凝胶颗粒的尺寸比其他掺杂样品的颗粒尺寸稍大，这与图4-18的样品的SEM图传递的信息相吻合，都表明稀土元素Nd的掺杂影响了样品的尺寸，但是样品的形貌都是不规则的颗粒状。理论上来说颗粒尺寸越小，其比表面积越大。较大的比表面积将对样品的性能产生影响。从选区电子衍射（SAED）图上显示出明显的德拜–谢勒环和复杂的亮点，表明样品存在多晶锐钛矿，也可以看出杂化气凝胶具有结晶性和结构完整性，这得益于气凝胶的性质以及煅烧温度。

4.2.6　紫外—可见漫反射图

图4-23为样品的紫外—可见漫反射图，（a）为焙烧前的紫外—可见漫反

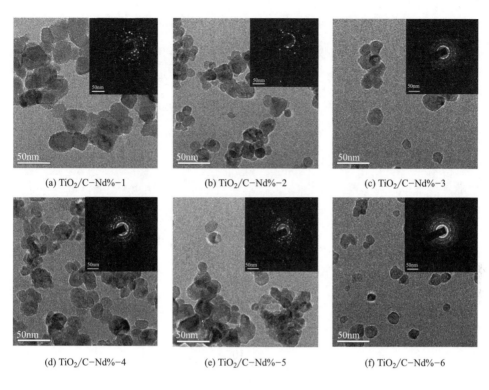

(a) TiO₂/C-Nd%-1   (b) TiO₂/C-Nd%-2   (c) TiO₂/C-Nd%-3

(d) TiO₂/C-Nd%-4   (e) TiO₂/C-Nd%-5   (f) TiO₂/C-Nd%-6

图4-22 样品的TEM图

射图,(b)为焙烧后的紫外—可见漫反射。由图4-23(a)可以看出,由于碳的存在,加强了样品在紫外和可见光波段的吸收强度。在紫外波段,样品的吸

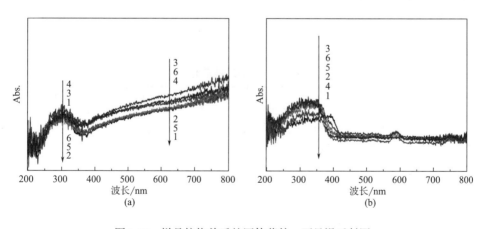

图4-23 样品焙烧前后的固体紫外—可见漫反射图

1—TiO₂/C-Nd%-1 2—TiO₂/C-Nd%-2 3—TiO₂/C-Nd%-3 4—TiO₂/C-Nd%-4
5—TiO₂/C-Nd%-5 6—TiO₂/C-Nd%-6

收强度为TiO$_2$/C-Nd%-4 > TiO$_2$/C-Nd%-3 > TiO$_2$/C-Nd%-1，说明适当的掺钕量可以有效提高二氧化钛的吸收强度，而TiO$_2$/C-Nd%-1 > TiO$_2$/C-Nd%-6 > TiO$_2$/C-Nd%-5 > TiO$_2$/C-Nd%-2，说明掺钕量太多或太少会降低吸收强度。由图4-23（b）可知，六个样品的吸收带均有不同程度的红移，其中TiO$_2$/C-Nd%-1的吸收带波长最大，约为460nm。由此可知，TiO$_2$/C-Nd%-1的吸收带红移至更大的吸收波长，说明TiO$_2$/C-Nd%-1中的能带间隙较小，更有利于对可见光的吸收。

样品的光催化性能还可以根据其带隙宽度的大小来衡量，带隙宽度的计算可以通过紫外—可见漫反射谱图转换成为能量图后计算得出，公式如下：

$$\alpha h v = C\left(h v - E_g\right)^{1/2} \tag{4-2}$$

$$\left(\frac{\alpha h v}{C}\right)^2 = h v - E_g \tag{4-3}$$

$$h v = \frac{1024}{\lambda} \tag{4-4}$$

式中：α为吸光度；λ为对应的扫描波长；由式（4-3）可知，E_g的大小与C值没有关系，以hv为横坐标，$(\alpha h v)^2$为纵坐标作图得到一条曲线后，作这条曲线的切线与横坐标的交点就是所要求得的E_g。表4-6就是经过一系列计算后得出的禁带宽度。

表 4-6　样品的禁带宽度

样品编号	TiO$_2$/C-Nd%-1	TiO$_2$/C-Nd%-2	TiO$_2$/C-Nd%-3	TiO$_2$/C-Nd%-4	TiO$_2$/C-Nd%-5	TiO$_2$/C-Nd%-6
禁带宽度（hv）	2.45	2.61	2.59	2.65	2.66	2.67

由表4-6可知，六个样品的禁带宽度大小为：TiO$_2$/C-Nd%-6 > TiO$_2$/C-Nd%-5 > TiO$_2$/C-Nd%-4 > TiO$_2$/C-Nd%-2 > TiO$_2$/C-Nd%-3 > TiO$_2$/C-Nd%-1，说明TiO$_2$/C-Nd%-1和TiO$_2$/C-Nd%-3的电子跃迁发生反应所需要的能量相对于其他样品所需的能量要少，光催化越容易进行。这与光催化降解反应所表现的

现象一致。

4.2.7　样品光催化性能研究

　　本节利用亚甲基蓝（methylene blue，MB）溶液来模拟染料废水，以此探究所制备催化剂的光催化性能，MB的化学分子式、化学物质制定的登记号（CAS No）及其他信息如图4-24所示。

CAS No: 7220-79-3
相对分子质量: 319.85

图4-24　MB染料的基本信息

　　为了确定MB的最大吸收波长，实验采用28mg/L的MB在北京普析通用有限公司生产的TU-1900双束光紫外—可见分光光度计测量，最大吸收波长为660nm。因此，本节采用660nm作为分光光度计的工作波长。

　　图4-25为本节用在波长660nm处测定MB溶液的浓度和吸光度之间的关系。配制浓度为28mg/L的MB溶液，然后分别稀释成浓度为4mg/L、8mg/L、12mg/L、16mg/L、20mg/L、24mg/L的MB溶液，其中用去离子水校零，测得的数据以横坐标为MB溶液的浓度（单位：mg/L），纵坐标为M B的吸光度作图，对离散点进行一次方程的拟合，由图4-25（b）发现拟合的相关系数$R^2 > 0.99$，拟合度比较好；再根据图4-25（a）可以看出，亚甲基蓝在20mg/L范围内吸光度值与浓度呈线性关系，但在24mg/L、28mg/L时的吸光度值偏离了拟合直线，所以本实验采用20mg/L的MB作为降解实验浓度，用于研究样品的光催化降解性能。

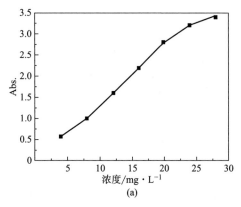

(a)

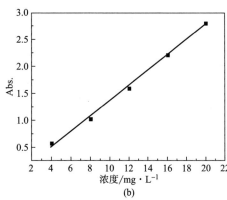

(b)

图4-25　MB溶液浓度与吸光度的关系

4.2.7.1　光催化实验

本节的光催化反应操作在上海比朗仪器有限公司生产的BL-GHX-V的光反应仪（图4-26）中进行，以50mL的石英玻璃试管作为反应容器，采用500W汞灯作为紫外光源。光源置于石英冷阱中，通入冷凝水循环以避免温度过高导致实验的误差。八根石英玻璃管等距离地分布于光源周围，与光源距离固定为12cm。

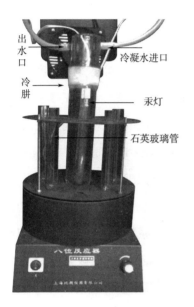

图4-26　光催化反应装置

本节实验详细操作步骤如下。

步骤一：在分析天平上分别称取定量的六组杂化气凝胶，分别加入编号为1、2、3、4、5、6的试管，1～6号试管为六组样品，7号试管为空白实验（空白实验：指不添加光催化剂实验）。

步骤二：分别加入50mL，20mg/L的MB溶液，然后放入小磁子，打开搅拌器，让样品在暗箱中磁力搅拌1h（此时不开光源，使其达到吸附饱和平衡）。

步骤三：打开汞灯，开启冷凝装置，调节灯源功率为500W（此时开始计时），按照间隔20min对标号1～8的试管依次取样4mL（其中步骤二在暗反应40min、60min处取样）。

用针头式过滤器过滤出上层清液，调节紫外可见分光光度计的λ=660nm，开始测量吸光度。根据MB溶液的吸光度和浓度的关系，MB溶液的去除率W（%）的大小可以依据下式进行计算：

$$W=\left(1-\frac{C_t}{C_0}\right)\times100\%=\left(1-\frac{A_t}{A_0}\right)\times100\% \qquad (4-5)$$

式中：C_0为MB溶液的初始浓度；C_t为对应t时刻时的MB溶液的浓度；A_0为20mg/L浓度的MB溶液的初始吸光度；A_t为对应t时刻时样液的吸光度。

4.2.7.2　样品投放量对亚甲基蓝溶液降解率的影响

图4-27为在相同MB（20mg/L）溶液中样品以不同投放量进行紫外光光催化降解曲线，从A到C样品的投放量分别为20mg、30mg、40mg的降解图。由图4-27可以得出，随着样品投放量的增加，同种样品对亚甲基蓝光催化降解率也随之提高。但当投放量达到一定浓度值时，再继续增加样品的浓度，光催化的效果变化却并不明显，甚至有些还会阻碍其降解，如图4-27（b）相比于图4-27（c）TiO$_2$/C-Nd%-1、TiO$_2$/C-Nd%-3、TiO$_2$/C-Nd%-4、TiO$_2$/C-Nd%-5的

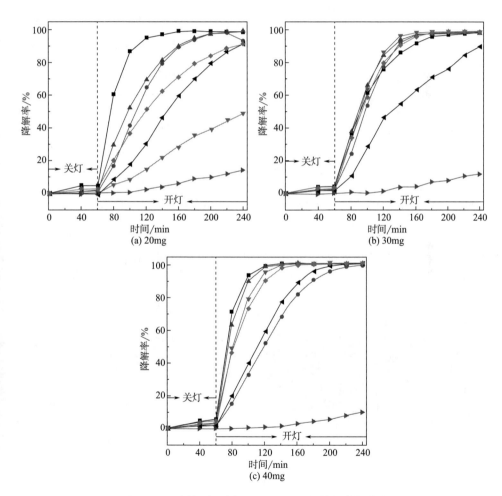

图4-27　不同投放量样品对亚甲基蓝光催化降解曲线

－■－ TiO$_2$/C-Nd%-1　－●－ TiO$_2$/C-Nd%-2　－▲－ TiO$_2$/C-Nd%-3　－▼－ TiO$_2$/C-Nd%-4
－◆－ TiO$_2$/C-Nd%-5　－◀－ TiO$_2$/C-Nd%-6　－▶－ 空白

样品对亚甲基蓝的光催化降解效率并没有显著提高。而TiO₂/C-Nd%-2随着样品投放量的增加不但没有增加其光催化降解效果反而还降低了光催化降解效率。所以，在投放量为30mg时，样品的光催化性能最好。

4.2.7.3 掺杂钕对亚甲基蓝溶液的光催化活性的影响

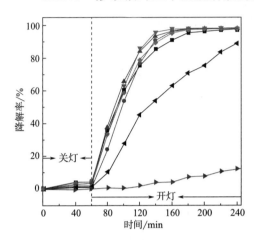

图4-28 30mg样品对亚甲基蓝的光催化降解曲线
-■-TiO₂/C-Nd%-1 -●-TiO₂/C-Nd%-2 -▲-TiO₂/C-Nd%-3
-▼-TiO₂/C-Nd%-4 -◆-TiO₂/C-Nd%-5 -◀-TiO₂/C-Nd%-6
-▶-空白样

由图4-28可知，在光照前60min内，样品对MB溶液的吸附降解呈线性，说明样品的吸附脱色率很小，在光照30min后，吸附脱色率呈上升趋势。图4-29为对应图4-28的光催化降解的清液，从中可以观察到，在光照80min时，添加量为30mg的六组样品中，样品的脱色速率从大到小排列为：TiO₂/C-Nd%-4 = TiO₂/C-Nd%-3 = TiO₂/C-Nd%-2 > TiO₂/C-Nd%-5 > TiO₂/C-Nd%-1 > TiO₂/C-Nd%-6。说

明，适当的掺杂钕可以有效提高杂化气凝胶对MB的吸附脱色速率。

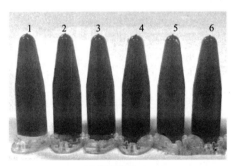

(a) 光照前60min

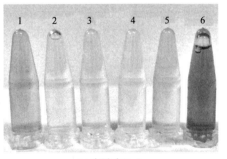

(b) 光照后80min

图4-29 30mg的样品对亚甲基蓝紫外光光催化降解的清液
1—TiO₂/C-Nd%-1 2—TiO₂/C-Nd%-2 3—TiO₂/C-Nd%-3
4—TiO₂/C-Nd%-4 5—TiO₂/C-Nd%-5 6—TiO₂/C-Nd%-6

4.2.7.4 掺钕量对亚甲基蓝溶液降解率的影响

为了探究不同掺钕量对MB溶液降解的影响，选用样品投放量为30mg时，以图4-27（b）为例，相同时间内TiO$_2$/C-Nd%-3、TiO$_2$/C-Nd%-4对MB溶液的光催化效果最好，降解率最后达到接近100%，TiO$_2$/C-Nd%-6对MB溶液的光催化效果最差，这是因为TiO$_2$/C-Nd%-3、TiO$_2$/C-Nd%-4中含有适量的钕和碳，以及适中的TiO$_2$晶粒大小，这些都更有利于促使样品对MB溶液的吸附和降解；而TiO$_2$/C-Nd%-6的比表面积小，导致其光催化降解效率最低。这说明，在最佳的掺钕量范围内，钕的掺杂可以有效提高杂化气凝胶对MB的吸附脱色速率。而且以硝酸钕与二氧化钛的质量百分比为3%～4%制备的材料性能最佳。这与SEM图4-18所描述的形貌相符。

4.2.7.5 样品光照时间对亚甲基蓝溶液降解率的影响

为了探究不同掺比制备的样品的催化性能与光照时间的关系，选用样品投放量为30mg时，暗反应60min，光照100min和光照后120min。从表4-7中和相对应的图4-30可以很明显看出，无论是否掺杂钕，掺杂钕的比例不同或者样品的添加量的不同，在紫外光条件下，样品对MB溶液的降解率都将随着光照时间的增加而增加。

表 4-7　样品在暗反应 60min，光照后 100min、120min 处对亚甲基蓝溶液的降解率

降解率		TiO$_2$/C-Nd%-1	TiO$_2$/C-Nd%-3	TiO$_2$/C-Nd%-6
暗反应60min		4.58	3.14	0.99
光照后	100min	90.81	96.69	63.01
	120min	97.44	97.95	88.90

图4-30是样品TiO$_2$/C-Nd%-1、TiO$_2$/C-Nd%-3和TiO$_2$/C-Nd%-6在暗反应60min，光照后100min、120min时的清液。从图中可以很明显看出在暗处理60min时，样品中MB溶液的降解度不大，说明所制备的样品的吸附性能不是很好；但是在光照100min后，MB溶液的浓度急剧下降，降解率变大，对照图4-30（b）可以看出，溶液颜色也几乎变得透明；随着光照时间的延长，最后MB的降解率可以到97%以上，溶液中的颜色变得几乎透明。

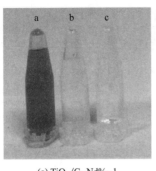  

(a) TiO$_2$/C-Nd%-1   (b) TiO$_2$/C-Nd%-3   (c) TiO$_2$/C-Nd%-6

图4-30　暗反应60min，光照后100min、120min时30mg样品对亚甲基蓝紫外光光催化的清液
a—暗反应60min　b—光照100min　c—光照120min

　　图4-31是40mg样品在不同时间段对亚甲基蓝的紫外光催化随时间的吸光度曲线，由图可知，样品在光照前60min内在660nm处对亚甲基蓝的吸光度在2.8～2.9范围之内，而在紫外光光照160min后，样品的吸光度下降减小，光照后240min时，样品的吸光度已经几乎接近于零，说明时间越长，样品对亚甲基蓝的降解效果越好。这些光谱扫描数据曲线图4-31和添加样品后MB溶液的颜色变化图4-30都和表4-7中的数据相吻合，且光谱数据中都没有其他杂峰出现，说明在光催化过程中没有其他物质生成。

4.2.8　小结

　　本节利用SEM、TEM、EDS、FTIR、XRD和固体紫外漫反射光谱对所制备材料的微观形貌、元素组成、晶粒晶型以及光催化性进行表征所制备的样品呈不规则颗粒状，但随着Nd掺杂量的增加，样品的颗粒大小有略微减小。所制备的样品中的TiO$_2$属于锐钛矿型，原因可能是样品中的碳是以无定形的形式存在，而Nd由于掺杂量较少或者以Ti—O—Nd键的形式存在，所以没有显示出C和Nd的峰。样品在紫外光区有较强的吸收，所以在紫外光下对MB溶液表现出很好的降解能力，有较好的光催化性能。通过比较不同掺杂比例Nd的样品对MB溶液的降解，表明样品的催化性能并不是随着Nd掺杂量的增加而增加，当硝酸铷与二氧化钛的质量百分比为3%～4%制备材料性能最佳；在紫外光条件

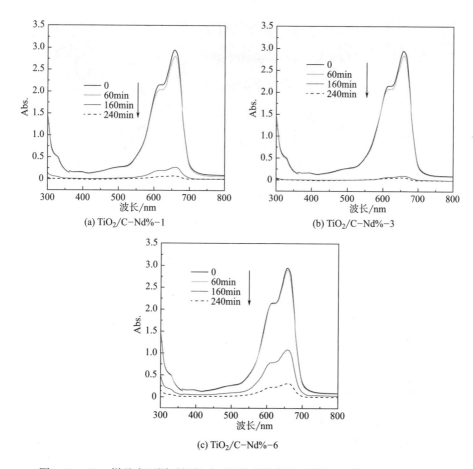

图4-31 40mg样品在不同时间段对亚甲基蓝的紫外光催化随时间的吸光度曲线

下，样品添加量在30mg时表现出较好的性能。而且实验证明，功率越大，样品的光催化效果越好。

4.3 铈、钕双掺杂二氧化钛/碳复合气凝胶的性能评价与分析

4.3.1 表观性能与表观密度

本节所制备的碳气凝胶各个阶段的形态照片如图4-32所示。

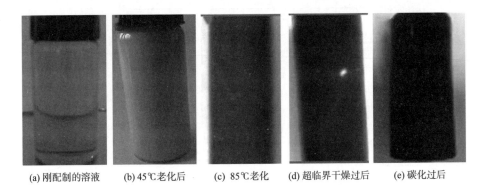

| (a) 刚配制的溶液 | (b) 45℃老化后 | (c) 85℃老化 | (d) 超临界干燥过后 | (e) 碳化过后 |

图4-32　碳气凝胶各个阶段的照片

图4-32为碳气凝胶分别在不同阶段的照片。图4-32（a）为碳气凝胶刚配好的溶液，碳气凝胶为浅棕色透明均一的溶液。图4-32（b）为经过1天45℃老化后的碳气凝胶，经老化后的碳气凝胶颜色变为粉红色不透明的块状固体，表明碳气凝胶已经进行了凝胶化过程。图4-32（c）为碳气凝胶继续在85℃条件下老化5d后的凝胶，碳气凝胶的颜色由原来的粉红色变成深红棕色，并且碳气凝胶的硬度也变大，这些变化都是碳气凝胶进一步老化所导致的。图4-32（d）为碳气凝胶经超临界干燥后而得到的有机凝胶，经超临界干燥后样品没有明显的收缩，但是质量明显减小。图4-32（e）为碳气凝胶碳化后的照片，可以看出碳气凝胶变为黑色，并且碳气凝胶有明显的收缩。

碳气凝胶的表观是一种类似于灰黑色的凝胶，中间有一些孔洞；在烧结样品时出现了质量减少，表观形貌也发生了改变（烧结之前放在坩埚中是黑色的，烧结之后颜色就变为白色），铈、钕双掺杂TiO_2/C复合材料里面的碳被烧掉了。

在本节中样品的烧失率见表4-8。

表4-8　铈、钕双掺杂TiO_2/C复合材料的烧失率

样品编号	烧结前质量/g	烧结后质量/g	烧失率/%
TiO_2/C–Ce5%–Nd0	0.8010	0.3586	55.23
TiO_2/C–Ce4%–Nd1%	0.8004	0.3723	53.49

样品编号	烧结前质量/g	烧结后质量/g	烧失率/%
TiO₂/C–Ce3%–Nd2%	0.8002	0.3094	61.33
TiO₂/C–Ce2%–Nd3%	0.8002	0.3782	52.74
TiO₂/C–Ce1%–Nd4%	0.8018	0.3800	52.61
TiO₂/C–Ce0–Nd5%	0.8068	0.3768	53.30

由表4-8可知，烧失率的范围在52.61%~61.33%之间，而且每个铈、钕双掺杂TiO_2/C复合材料的烧失率都不一样，从理论上来讲，每个铈、钕双掺杂TiO_2/C复合材料的烧失率应该是差不多的，但是在本节中产生的却是每个铈、钕双掺杂TiO_2/C复合材料之间烧失率存在差别；而产生这种现象的原因具体表现为铈、钕双掺杂TiO_2/C复合材料样品放在管式炉中烧结时的位置，铈、钕双掺杂TiO_2/C复合材料中碳气凝胶的致密度，碳气凝胶的颗粒大小等。

4.3.2　SEM图

图4-33所示为所制备的碳气凝胶的SEM图像。

图4-33　碳气凝胶的SEM图

这些气凝胶的表面形态是由相互交联的颗粒组成的，这些颗粒的尺寸随碳酸钠加入量的增加而变大。碳酸钠的加入能影响原始溶液的pH，原始溶液的pH又强烈影响溶胶凝胶化过程和凝胶颗粒的尺寸大小。间苯二酚和甲醛的缩合反应涉及两个反应过程：加成和缩合。前者是碱催化反应，后者是酸催化反应。此外pH还影响分子所处的环境，间苯二酚的羟甲基衍生物带负电，而甲醛在酸性介质中是碳正离子。这两种电性相反的物质通过静电引力作用团聚在一起，形成较大的粒子。因此，随着碳酸钠的加入量增加，溶液pH有所降低，所得的碳气凝胶粒子的尺寸逐渐增大。

4.3.3 EDS图

为了说明铈、钕共掺杂TiO$_2$/C复合材料的元素组成，在做SEM测试时也对铈、钕双掺杂TiO$_2$/C复合材料表面的元素进行分析。图4-34为TiO$_2$/C-Ce3%-Nd2%复合材料表面的EDS数据。

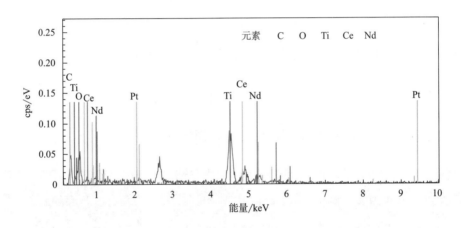

图4-34　TiO$_2$/C-Ce3%-Nd2%的EDS图

从图4-34中可以看出主要显示的是C、Ti、O、Ce和Nd这五种元素，结合XRD，表明Ti与O生成了氧化物TiO$_2$。

4.3.4 XRD图

为了表明铈、钕双掺杂TiO$_2$/C复合材料经过高温煅烧后的晶体结构，对制备的铈、钕双掺杂TiO$_2$/C复合材料进行了X射线衍射测试。图4-35显示了所制备的铈、钕双掺杂TiO$_2$/C复合材料的XRD谱图，能够看出制备的TiO$_2$/C复合材料的特征衍射峰2θ分别为28.47°、47.48°、56.30°时分别对应的锐钛矿型结构晶体的（111）

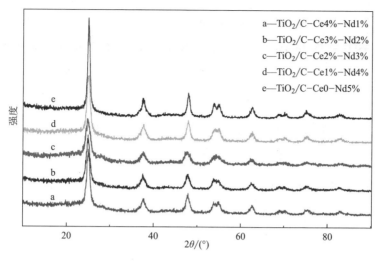

图4-35　XRD图

（220）和（311）的晶面反射峰，表明TiO$_2$是以锐钛矿的形式存在的。

4.3.5　原位红外光谱图

为了进一步说明铈、钕双掺杂TiO$_2$/C复合材料中有哪些基团的存在，证明碳元素在烧结过程中已被完全去除，对铈、钕双掺杂TiO$_2$/C复合材料进行红外测试，图4-36显示的是TiO$_2$/C–Ce0–Nd5%复合材料的红外扫描数据。

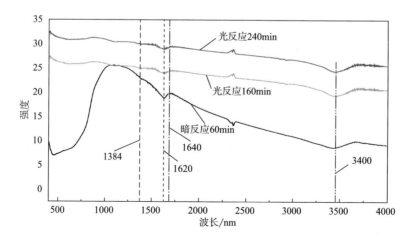

图4-36　红外光谱图

从图4-36中可以看出：波数为1384cm⁻¹的峰（小峰）是由C—H的弯曲振动峰；波数3400cm⁻¹和1620cm⁻¹附近的强吸收峰是吸附的游离水及—OH基团的伸缩振动引起的，可能是测试前对样品的预处理不彻底引起的。在1640cm⁻¹左右出现较强的C=C基团的伸缩振动峰，是由有机物分子引起的。由图4-36中的三条曲线可知，在进行暗反应是亚甲基蓝分子中的基团较明显地反映出来，在暗反应时是亚甲基蓝分子吸附在铈、钕双掺杂TiO₂/C复合材料，在紫外光打开之后，由光反应160min和240min曲线可知，吸收峰的强度较小，说明在紫外光照之后，亚甲基蓝分子中的基团（如C=C等）被降解了，所以基团吸收峰的强度减弱。

4.3.6 紫外—可见漫反射图

判断铈、钕双掺杂TiO₂/C复合材料是否对可见光有一定的透过性，因此本节用硫酸钡辅助压片法，借助紫外—可见漫反射吸收测试仪对所制备的铈、钕双掺杂TiO₂/C复合材料样品在波长为300～800nm范围内的光的吸收情况进行分析。

图4-37显示的是铈、钕双掺杂TiO₂/C复合材料紫外—可见漫反射的吸收光谱，从图中可以很直观地看出铈、钕双掺杂TiO₂/C复合材料对波长小于600nm的紫外光区都有所吸收，特别是对240～370nm波长范围的光有较强的吸收。而

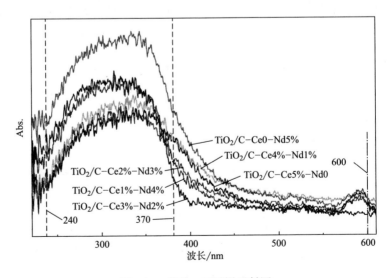

图4-37 紫外—可见漫反射图

对于600nm以上的可见光区基本上可以认为没有吸收作用，吸收值接近于零，说明铈、钕双掺杂TiO$_2$/C复合材料对可见光有较好的透过率，即吸收性能不好，进而说明铈、钕双掺杂TiO$_2$/C复合材料在可见光的照射下对亚甲基蓝分子的光催化性能没有什么作用。

4.3.7 样品光催化性能研究

图4-38为TiO$_2$/C-Ce3%-Nd2%样品在不同投放量、不同波段时对光的吸收情况。

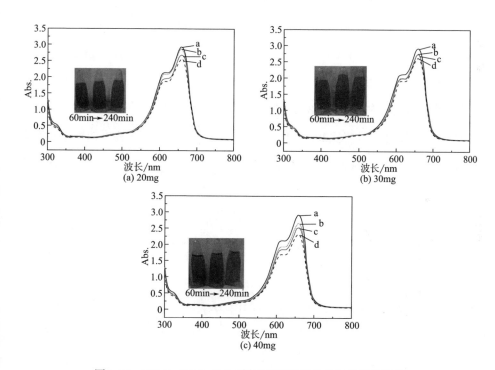

图4-38 TiO$_2$/C-Ce3%-Nd2%样品在不同投放量时的吸光光度
a— 40mg-TiO$_2$/C-Ce3%-Nd2%-0 b— 40mg-TiO$_2$/C-Ce3%-Nd2%-60min c— 40mg-TiO$_2$/C-Ce3%-Nd2%-160min
d— 40mg-TiO$_2$/C-Ce3%-Nd2%-240min

由图4-38可知，无论铈、钕双掺杂TiO$_2$/C复合材料的投放量为多少，在波长为660nm时均有最强吸收峰，随着时间的延长，最强吸收峰减弱，说明随着光催化反应的进行，TiO$_2$/C-Ce3%-Nd2%复合材料对亚甲基蓝降解效果好，进而表明TiO$_2$/C–Ce3%–Nd2%样品中某种分子在紫外—可见光照射之后运动比较活跃，光的能量转移到该分子上。

图4–39为TiO$_2$/C–Ce3%–Nd2%在不同投放量光催化时间为160min时的吸光度。

由图4–39可知，TiO$_2$/C–Ce3%–Nd2%复合材料在660nm左右有最强吸收峰，由于投放量不同，所以每个铈、钕双掺杂TiO$_2$/C复合材料的浓度不同，所以吸收的曲线不同，但是最大吸收波长不变，只是相应的吸光度大小不一样。而图4–39中，投放量为20mg时比30mg的吸附性能要好，进一步分析可能是因为20mg时铈、钕双掺杂TiO$_2$/C复合材料分散的较30mg的均匀。

图4–40为TiO$_2$/C–Ce3%–Nd2%复合材料在不同投放量、光催化时间为240min时的吸光度，此图可以验证图4–39出现的30mg的效果比20mg的对亚甲基蓝降解的光催化性能好。

由图4–39也可知，图4–38出现的情况并不偶然，事实证明：30mg的TiO$_2$/C–Ce3%–Nd2%复合材料要比20mg的TiO$_2$/C–Ce3%–Nd2%复合材料更加均匀，所以30mg的TiO$_2$/C–Ce3%–Nd2%复合材料对亚甲基蓝降解的光催化性能要比20mg的好。

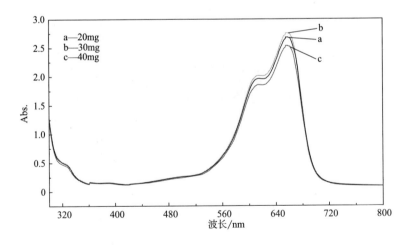

图4–39　TiO$_2$/C–Ce3%–Nd2%样品不同投放量在160min的吸光度

4.3.7.1　紫外光催化降解原理

称取30mg铈、钕双掺杂TiO$_2$/C复合材料分别放置于6个试管中，并按1～6

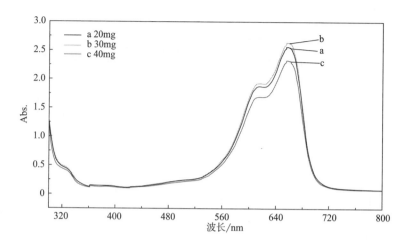

图4-40　TiO$_2$/C-Ce3%-Nd2%样品不同投放量在240min的吸光度

号进行编号，7号试管放30mg P25，8号试管做对照空白实验，再量取50mL、20mg/L的亚甲基蓝溶液分别放置于8个试管中，同时将8个磁子放入试管中，后将试管放入光反应仪中开始实验。实验进行后开始计时，先进行1h的暗反应，在这1h内，暗反应40min取一次样，然后用紫外分光光度计测定样品溶液的吸光度，在暗反应60min之后将汞灯打开，调节汞灯的功率为500W，再将冷凝装置打开，在这之后每隔20min取一次样，直到样品溶液进行了240min的反应之后，将光化学反应仪和冷凝装置关闭。将所得到的数据进行汇总和用origin软件绘图。表4-9为30mg铈、钕双掺杂TiO$_2$/C复合材料在加入亚甲基蓝之后随时间变化的吸光度值。

表4-9　30mg铈、钕双掺杂TiO$_2$/C复合材料加入亚甲基蓝后随时间变化的吸光度值

时间/min	样品编号					
	1	2	3	4	5	6
0	2.873	2.873	2.873	2.873	2.873	2.873
40	2.778	2.757	2.755	2.809	2.839	2.857
60	2.802	2.754	2.755	2.789	2.828	2.818
80	2.801	2.750	2.755	2.769	2.778	2.371

续表

时间/min	样品编号					
	1	2	3	4	5	6
100	2.771	2.746	2.761	2.753	2.758	1.992
120	2.759	2.730	2.757	2.743	2.749	1.487
140	2.735	2.649	2.750	2.677	2.719	0.953
160	2.693	2.622	2.743	2.619	2.667	0.662
180	2.618	2.561	2.714	2.555	2.615	0.458
200	2.580	2.513	2.694	2.512	2.590	0.325
220	2.523	2.493	2.669	2.441	2.537	0.171
240	2.499	2.433	2.639	2.395	2.516	0.072

注　样品编号1、2、3、4、5、6分别表示：1—TiO_2/C-Ce5%-Nd0；2—TiO_2/C-Ce4%-Nd1%；3—TiO_2/C-Ce3%-Nd2%；4—TiO_2/C-Ce2%-Nd3%；5—TiO_2/C-Ce1%-Nd4%；6—TiO_2/C-Ce0-Nd5%。

由表4-9可知，30mg铈、钕双掺杂TiO_2/C复合气凝胶在光催化降解亚甲基蓝的实验中随着反应时间的延长，吸光度的值在不断减小。

图4-41为30mg铈、钕双掺杂TiO_2/C复合气凝胶对亚甲基蓝的降解速率随反应时间变化的曲线。

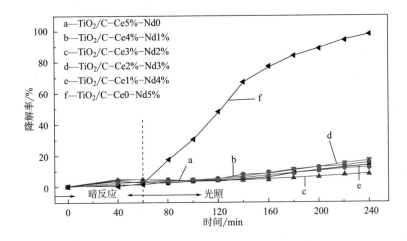

图4-41　30mg铈、钕双掺杂TiO_2/C复合气凝胶光催化性能曲线

由图4-41可知，铈、钕双掺杂TiO_2/C复合气凝胶对亚甲基蓝的降解速率

随着反应时间的延长而升高，其中TiO$_2$/C–Ce5%–Nd0、TiO$_2$/C–Ce4%–Nd1%、TiO$_2$/C–Ce2%–Nd3%、TiO$_2$/C–Ce3%–Nd2%、TiO$_2$/C–Ce4%–Nd1%复合材料对亚甲基蓝的降解速率与亚甲基蓝在汞灯光照的条件下降解速率差不多，TiO$_2$/C–Ce0–Nd5%复合材料对亚甲基蓝的降解速率虽然没有P25的降解速率变化快，但是TiO$_2$/C–Ce0–Nd5%复合材料的降解速率也是大幅增长的，更甚者到240min时TiO$_2$/C–Ce0–Nd5%复合材料的降解速率基本上与P25一样。所以由以上分析可知：紫外光的存在对铈、钕双掺杂TiO$_2$/C复合气凝胶降解亚甲基蓝具有促进作用。

4.3.7.2　复合气凝胶的投放量对紫外光光催化性能的影响

相比而言，在所有铈、钕双掺杂TiO$_2$/C复合材料中，对亚甲基蓝具有较好的降解性能的是4号样品（TiO$_2$/C–Ce2%–Nd3%复合材料），所以本实验测定的是对于TiO$_2$/C–Ce2%–Nd3%复合材料的不同投放量对紫外光光催化性能的影响，见表4–10。

表4-10　不同复合气凝胶的投放量对应降解亚甲基蓝的吸光度值

时间/min	样品的投放量/mg		
	20	30	40
0	2.894	2.873	2.826
40	2.887	2.809	2.758
60	2.882	2.789	2.757
80	2.862	2.769	2.684
100	2.803	2.753	2.626
120	2.767	2.743	2.535
140	2.715	2.677	2.449
160	2.813	2.619	2.378
180	2.535	2.555	2.280
200	2.520	2.512	2.217
220	2.477	2.441	2.139
240	2.410	2.395	2.065

由表4-10可知，同一样品、不同投放量在光催化降解亚甲基蓝的实验中随

着反应时间的延长，吸光度值不断减小。

图4-42为同一样品、不同投放量在光催化降解亚甲基蓝的实验中随着反应时间的延长，降解速率随着时间而变化的曲线图。

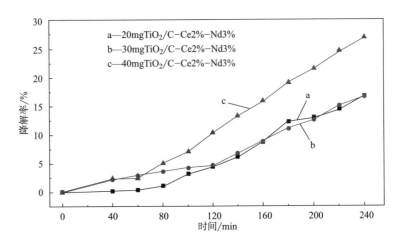

图4-42 同一样品、不同投放量的光催化性能曲线

由图4-42可知，在同一样品、不同投放量的情况下，随着样品投放量的增多，$TiO_2/C-Ce2\%-Nd3\%$复合材料对亚甲基蓝的降解性能越显著。

4.3.7.3 不同光源对铈、钕双掺杂TiO_2/C复合材料光催化性能的影响

要研究这一因素，首先选定一个样品，在本实验中选定20mg铈、钕双掺杂TiO_2/C复合材料中的$TiO_2/C-Ce3\%-Nd2\%$复合材料，在汞灯和氙灯的光照作用下观察不同光源对铈、钕双掺杂TiO_2/C复合材料降解亚甲基蓝的光催化性能的影响。

由表4-11可知，在紫外光和可见光的光照条件下，$TiO_2/C-Ce3\%-Nd2\%$复合材料在降解亚甲基蓝时的吸光度值均随着反应时间的延长而减小。

表4-11 $TiO_2/C-Ce3\%-Nd2\%$在不同光源下的吸光度值

光源	时间/min											
	0	40	60	80	100	120	140	160	180	200	220	240
紫外光	2.89	2.88	2.87	2.87	2.87	2.86	2.76	2.67	2.70	2.77	2.76	2.76
可见光	2.82	2.73	2.73	2.73	2.72	2.65	2.61	2.61	2.60	2.59	2.57	2.54

图4-43体现的是TiO₂/C–Ce3%–Nd2%复合材料在不同光源的情况下对亚甲基蓝的降解速率随着反应时间变化的曲线。

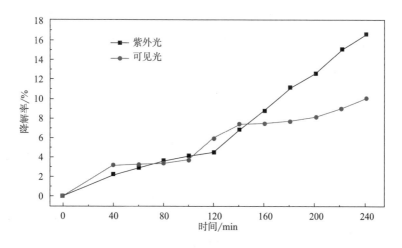

图4-43　不同光源情况下的光催化性能曲线图

由图4-43可知，对于同一样品来说，在不同光源照射的情况下，TiO₂/C–Ce3%–Nd2%复合材料在暗反应阶段对亚甲基蓝的降解性能都差不多；图中也表明了在灯打开的前一段时间TiO₂/C–Ce3%–Nd2%复合材料对亚甲基蓝的降解率基本一样，在光反应一定时间之后紫外光和可见光的差异就越来越明显，图中曲线趋势也表明紫外光比可见光对光催化性能实验的影响更大。

4.3.7.4　铈、钕双掺杂TiO₂/C复合材料与P25的光催化性能对比

本研究中，在所有铈、钕双掺杂TiO₂/C复合材料中对亚甲基蓝降解效果最好的是TiO₂/C–Ce0–Nd5%复合材料，所以，在这一节，主要探讨TiO₂/C–Ce0–Nd5%复合材料与P25之间的光催化性能比较。

表4-12为TiO₂/C–Ce0–Nd5%号样品与P25在汞灯的照射下吸光度值随反应时间的变化。

由表4-12可知，在TiO₂/C–Ce0–Nd5%复合材料与P25进行暗反应的时候，两者之间的吸光度值随反应时间的变化相差不大，但是在暗反应结束，打开汞灯之后，P25的吸光度值瞬间变小，而TiO₂/C–Ce0–Nd5%复合材料虽然吸光度

表4-12　TiO₂/C-Ce0-Nd5%与P25之间的吸光度值随时间的变化

时间/min	TiO$_2$/C–Ce0–Nd5%	P25
0	2.873	2.873
40	2.857	2.868
60	2.818	2.857
80	2.371	0.079
100	1.992	0.032
120	1.487	0.021
140	0.953	0.020
160	0.662	0.016
180	0.458	0.014
200	0.325	0.010
220	0.171	0.010
240	0.072	0.009

值也下降了，但是下降的幅度没有P25快，但是从打开光源到反应进行200min时，P25的吸光度值基本保持不变，而TiO$_2$/C-Ce0-Nd5%复合材料的吸光度值仍然在继续下降。

图4-44体现的是在同一光源照射的情况下，TiO$_2$/C-Ce0-Nd5%复合材料与P25对亚甲基蓝的降解速率随反应时间的变化曲线。

由图4-44可知，在同一光源照射下，TiO$_2$/C-Ce0-Nd5%复合材料与P25在暗反应时的光催化性能基本一样，在紫外光照射之后，P25对亚甲基蓝的降解速率迅速增大，而虽然TiO$_2$/C-Ce0-Nd5%复合材料对亚甲基蓝的降解速率也在上升，可是增长的幅度没有P25的大，但是紫外光光照一段时间之后P25的降解速率基本保持不变，而TiO$_2$/C-Ce0-Nd5%复合材料的速率则一直在增大，甚至最后TiO$_2$/C-Ce0-Nd5%复合材料对亚甲基蓝的降解速率与P25的基本一样。

4.3.8　小结

本节主要是对铈、钕双掺杂TiO$_2$/C复合材料进行表征，通过SEM对铈、钕

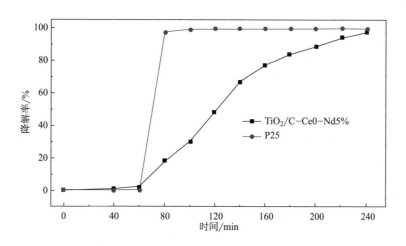

图4-44 TiO₂/C-Ce0-Nd5%与P25在紫外光下的光催化性能曲线

双掺杂TiO₂/C复合材料表面的微观形貌进行表征，表明了其表面存在一些小的微孔；X射线衍射仪主要是对铈、钕双掺杂TiO₂/C复合材料中的TiO₂晶型进行表征，最后得出TiO₂是锐钛矿的晶型；红外光谱是为了验证亚甲基蓝中存在哪些分子基团，通过做红外光谱表明亚甲基蓝分子中存在—OH、C＝C与C—H等基团。

后面也做了光催化反应，通过实验得到的数据可知，在铈、钕双掺杂TiO₂/C复合材料降解亚甲基蓝的光催化实验中，紫外光对光催化实验具有促进作用，同时，随着光照时间的延长，铈、钕双掺杂TiO₂/C复合材料对亚甲基蓝的降解效果越来越明显，基团吸收峰的强度在减弱；并且通过实验可得TiO₂/C-Ce0-Nd5%复合材料对亚甲基蓝的降解速率可以与P25相媲美。

第5章　二氧化钛/碳复合气凝胶光催化降解亚甲基蓝的研究

5.1　概述

对TiO_2进行掺杂改性后的光催化活性有较大幅提高，但其光催化机理尚不十分明确，科学家对掺杂改性TiO_2光催化活性提升的原因有不同的解释。光敏化机理是其中一种较为常见的解释，光敏化是指掺碳TiO_2表面的残留碳作用使能带窄化，即使TiO_2内部的掺杂能带变窄。可见光激发下电子转移过程如图5-1所示。

O2′
C′
C′
O1
Ti3d
CB
可见光
C
VB
O 2P

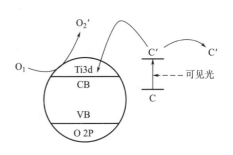

图5-1　C-TiO_2在可见光激发下的电子转移过程

较早用光敏化剂的理论来解释C-TiO_2的机理，他们认为C掺杂TiO_2的光催化原理是作为一种类似有机染料一样的光敏化剂可以使电子激发进入导带上然后转移到吸附在TiO_2周围的氧上。同时认为，掺碳TiO_2在可见光光照下降解有机物有两条路径。

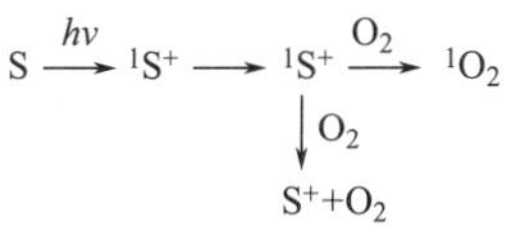

S
hv
1S+
1S+
O2
1O2
O2
S++O2

图5-2　掺碳TiO_2光敏化途径

一是掺杂碳作为光敏化剂不需要TiO_2参与反应，直接被光激发后与氧气反应生成氧自由基，再将污染物降解（图5-2）（S代表光敏剂）。

二是激发后的光敏剂的电子进入TiO_2的导带

中，随后再将吸附的氧气转变为自由基。

$$S \xrightarrow{hv} {}^1S' \xrightarrow{TiO_2} TiO_2^{*+} + S^+ \xrightarrow{O_2} S^+ + TiO_2 + O_2^{*+}$$

近十年的研究表明，非金属掺杂能够显著降低带隙能级，实现可见光的激发。碳的含量对光催化效果提升有直接的影响，其中碳含量为5.20%时碳和氧轨道出现比较多的交叠，而当碳含量较低（0.26%）时，交叠并不明显。这解释了为什么提高掺杂量能提高光催化效果。

Tachikawa等研究了C–TiO₂的空穴捕获过程（图5-3）。他们推测，在紫外光下，空穴在表面被捕获并与吸附质发生反应。在可见光下，空穴在更深的位置被捕获，也就是在掺杂原子的位置上面，但由于电位较低，所以活性比较低。导致光催化的反应间接发生，首先由表面的水和氧生成中间产物，再发生氧化还原反应。

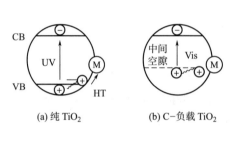

(a) 纯 TiO₂ (b) C–负载 TiO₂

图5-3 吸附在纯TiO₂及C–TiO₂表面的有机物的光催化降解过程

掺碳的TiO₂会产生表面羟基数量的增加，这些表面羟基产生自溶剂水，这是影响光催化效果的因素之一，但是对其原因还不明确。用XPS检测表面羟基发现含有羟基最多的C–TiO₂样品有最好的光降解效果。在实验中发现掺碳的光催化效果与其表面所含有的单位面积的羟基数量呈线性关系，他们认为羟基的产生来自水和水中的氧。但是在实验中发现C–TiO₂在可见光的激发下并不能产生HO·自由基来氧化有机物，而是通过掺杂能带上的空穴直接氧化。

掺碳后的TiO₂比表面积增大，从而加大了对有机污染物的吸附。通过研究掺碳TiO₂的表面形态，认为掺碳TiO₂光催化活性的提高并不是因为碳取代氧的位置引起的，而是因为掺碳导致颗粒产生的多孔结构有利于降解物吸附在催化剂周围，从而提高光催化效率。通过对在TiO₂表面包裹碳的研究，碳改性后的TiO₂样品的比表面积可达到250m²/g，碳的多孔结构增加了样品对降解物的吸附，有机污染物首先被吸附到碳层，然后分散到TiO₂上，从而提高了光催化效果。科研工作者在实验中发现掺碳TiO_2的光催化效果跟样品的比表面积呈正相关关系。

本章在大量阅读文献及前期研究工作的基础上，通过测试样品对不同浓度亚甲基蓝在不同光照时间后的吸光度值，以考察样品对亚甲基蓝的降解程度，着重探讨TiO_2/C复合气凝胶在紫外光和可见光照下对亚甲基蓝的降解机理；另外为了考察本书体系反应是否为自由基氧化反应，本章以$NaHCO_3$和CH_3OH为自由基（空穴）捕获剂，考察了捕获剂的加入对样品降解亚甲基蓝的影响。

5.2　光催化降解亚甲基蓝机理分析

5.2.1　TiO_2/C复合气凝胶光催化降解亚甲基蓝机理分析

TiO_2的禁带宽度约为3.2eV，当它吸收了波长小于或等于387.05nm的光子后，价带中的电子就会被激发到导带，形成带负电的高活性e^-，同时在价带上产生带正电的空穴h^+，在无定形碳的作用下，电子与空穴发生分离，迁移到粒子表面不同的位置。热力学理论表明，分布在表面的h^+可以将吸附在TiO_2表面的OH^-和H_2O氧化成·OH自由基，顺磁共振研究也证明在水体中，TiO_2表面确实存在大量的·OH自由基。·OH自由基的氧化能力是水体中存在的氧化剂中最强的，能氧化大多数的有机物，并将其最终降解为CO_2和H_2O等无害物质，而且·OH自由基对反应物几乎无选择性，因而在光催化氧化中起决定性作用。此外，许多有机物的氧化电位较TiO_2的价带电位更负一些，这样的有机物也能直接被h^+所氧化。

TiO_2半导体的基本能带结构为既存在一系列的满带，最上面的满带称为价带（valence band，VB）；也存在一系列空带，最下面的空带称为导带（conduction band，CB）；价带和导带之间为禁带（forbidden band，FB）。本研究制备样品中的TiO_2为锐钛矿型结构，禁带宽度为3.2eV，其空穴和电子在TiO_2内部或表面光催化氧化反应机理如第3章理论分析中图3-15所示。

从暗反应实验可知，由于复合气凝胶具有较大的比表面积及其中无定形碳具有较高的表面能，可对溶液中的亚甲基蓝进行吸附，吸附在TiO_2纳米晶粒表面的亚甲基蓝与空穴—电子对和$\cdot OH$、$HO_2\cdot$和$\cdot O_2^-$等发生氧化还原反应，使亚甲基蓝最终降解为CO_2和H_2O等无机分子。电子—空穴对光催化氧化反应式如下：

$$TiO_2 + h\nu \longrightarrow e^- + h^+$$
$$h^+ + H_2O \longrightarrow \cdot OH + H^+$$
$$e^- + O_2 \longrightarrow \cdot O_2^-$$
$$\cdot O_2^- + H^+ \longrightarrow HO_2 \cdot$$
$$2HO_2\cdot \longrightarrow H_2O_2 + O_2$$
$$H_2O_2 + \cdot O_2^- \longrightarrow \cdot OH + OH^- + O_2$$

5.2.2 掺铈TiO_2/C复合气凝胶光催化降解亚甲基蓝机理分析

通过离子掺杂以提高TiO_2光催化性能是目前改性TiO_2的研究热点，但对离子掺杂提高TiO_2光催化性能的机理目前还没有比较一致的结论。一般认为有以下几方面原因。

①掺杂可以形成捕获中心，价态高于Ti^{4+}的金属离子捕获电子，低于Ti^{4+}的金属离子捕获空穴，从而抑制电子—空穴复合。

②掺杂可以形成掺杂能级，使能量较小的光子能激发掺杂能级上捕获的电子和空穴，提高光子的利用率。

③掺杂可以导致载流子扩散长度增大，从而延长了电子和空穴的寿命，抑制复合。

④掺杂可以造成晶格缺陷，有利于形成更多的Ti^{3+}氧化中心。

本章结合实验结果对Ce掺杂制备TiO_2/C复合气凝胶提高光催化性能做出如下解释。

（1）对TiO_2晶型的影响

TiO_2存在三种晶型，分别为板钛矿型、锐钛矿型和金红石型，TiO_2晶胞的

结构取决于 TiO_6 八面体是如何连接的。锐钛矿结构是由 TiO_6 八面体共边组成，而金红石和板钛矿结构则是由 TiO_6 八面体共顶点且共边组成。锐钛矿实际上可以看作是一种四面体结构，而金红石和板钛矿则是晶格稍有畸变的八面体结构。锐钛矿的禁带宽度为3.2eV，金红石禁带宽度为 3.0eV，锐钛矿较高的禁带宽度使其电子—空穴对具有更正或更负的电位，因而具有较高氧化还原能力；锐钛矿表面吸附 H_2O 和 O_2 的能力较强，在光催化反应中表面吸附能力对催化活性有很大的影响，较强的吸附能力对其活性有利，导致其光催化活性较高；在结晶过程中，锐钛矿晶粒通常具有较小的尺寸及较大的比表面积，对光催化反应有利。稀土Ce的掺杂以及其中无定形碳提高了 TiO_2 由锐钛矿相向金红石相的转变温度，使在本实验条件下较大温度范围内都可得到完全的锐钛矿相，从而保证了制得的 TiO_2 具有良好的光催化性能。

（2）对晶格缺陷的影响

离子掺杂能够导致 TiO_2 晶格畸变已被广泛证实，掺杂引起的晶格膨胀程度对 TiO_2 的光催化活性有重要作用。由于稀土元素离子的半径一般都大于钛离子，因此，如果掺杂的稀土离子能够扩散进入 TiO_2 晶格中或取代 Ti^{4+} 进入 TiO_2 晶格中，必将引起较大的晶格畸变和膨胀。这种晶格膨胀将使 TiO_2 的光催化性能有较大程度的提高。稀土离子 Ce^{4+} 的半径为0.102nm，远大于 Ti^{4+} 的半径0.068nm。主要有两种观点：一种观点认为由于稀土离子 Ce^{4+} 的半径远大于 Ti^{4+} 的半径，稀土离子 Ce^{4+} 不可能进入 TiO_2 晶格中取代 Ti^{4+}，可能以稀土氧化物的形式弥散分布在 TiO_2 周围；另一种观点认为虽然稀土离子 Ce^{4+} 的半径大于 Ti^{4+} 的半径，但仍然有可能取代 Ti^{4+} 进入 TiO_2 晶格中。掺杂离子进入 TiO_2 晶格的能力取决于掺杂离子的半径和焙烧温度，较高的焙烧温度有助于掺杂离子向 TiO_2 基体中扩散，本研究在800℃下对样品进行碳化，为 Ce^{4+} 进入 TiO_2 晶格提供了可能。

结合第4章中的XRD 分析结果，本研究认为 Ce^{4+} 既可能取代 Ti^{4+} 而进入 TiO_2 晶格之中，也可进入 TiO_2 晶格内部，不取代 Ti^{4+}，只是引起晶格畸变。另外，由于 Ti^{4+} 的半径远小于 Ce^{4+}，一些 Ti^{4+} 可能进入 CeO_2 的晶格中形成钛取代位并导致晶格畸变，从而导致电荷的不平衡，为使电荷达到平衡，催化剂的表面将吸附一些OH⁻，这些OH⁻可以与在光照下产生的空穴结合而形成HO·自由基，HO·自由基能与表面被吸附的物质发生反应，从而抑制电荷载体的重新结合，提高光催化性能。但掺杂导致的晶格畸变将使后续Ce⁴⁺取代 Ti⁴⁺或进入TiO₂晶格内部更加困难，因而Ce⁴⁺的掺杂量存在一定限度，不能无限制地进入TiO₂晶格内部，这也在本实验中得到证实，TiO₂/C–Ce%–3的综合性能最佳，优于掺Ce量更高的TiO₂/C–Ce%–5。另外晶格畸变以及TiO₂与碳的界面都会产生应变能，为补偿这种应变能，TiO₂晶格表面的氧原子容易逃离晶格而起到空穴捕获作用，同时由于碳的导电性能可及时对电子进行传输，因而降低电子—空穴对重新结合的概率，提高光催化性能。晶格畸变必然使TiO₂微晶晶格不完整，导致晶格缺陷增多。根据热力学第三定律，除了在绝对零度，所有的物理系统都存在不同程度的不规则分布，实际的晶体只是近似的空间点阵结构，总有一种或几种结构缺陷。完美 TiO₂晶体的晶格表面有5个Ti⁴⁺包围配对的 O²⁻，但实际的晶体表面即使在室温下也会有不可忽略的氧空位，这些氧空位导致Ti²⁺、Ti³⁺等低价钛缺陷的存在，低价的钛缺陷在表面吸附过程中常扮演重要的角色。通常认为，TiO₂晶格缺陷能够成为催化剂的活性中心，对光催化反应有利。另外，晶格缺陷能够提高TiO₂的Fermi能级，增加表面能量壁垒，使电子—空穴在表面的复合概率降低，从而提高TiO₂光催化性能。

此外，Ce掺杂可以造成晶格缺陷，有利于形成更多的Ti³⁺氧化中心，提高光催化性能；掺杂造成晶格缺陷，导致载流子扩散长度增大，从而也延长了电子和空穴的寿命，抑制复合，提高 TiO₂光催化性能。但Ce掺杂量过多，Ce 元素反而会成为电子和空穴的复合中心使TiO₂的光催化活性下降。另外，由于覆盖在纳米晶粒周围的 CeO₂带隙能较大，阻碍光催化反应的进行，从而进一步降低 TiO₂纳米管的光催化活性，故 TiO₂/C复合气凝胶中 Ce 的掺杂量存在一最佳掺杂量（见第4章相关分析）。

（3）对表面结构的影响

光催化氧化过程发生在作为催化剂的TiO₂纳米晶粒周围，其表面结构对光催化性能有重要影响。影响光催化性能的表面性质主要是表面积、表面对光子的吸收能力、表面对光生电子和空穴的捕获并使其有效分离的能力、电荷在表面向被降解物转移的能力。TiO_2表面缺陷如氧空位等是吸附水分子反应的活性中心。水分子在催化剂表面的吸附不仅可使光生电子和空穴有效地分离，而且可以生成强氧化性的活性羟基参与光催化反应，稀土Ce离子的掺杂造成晶格畸变的同时，导致了TiO_2表面缺陷的增加，表面缺陷的增加可使更多的光生电子和空穴有效分离，生成更多的强氧化性的活性羟基参与光催化反应，提高光催化性能。光生载流子除了可直接被TiO_2晶粒周围碳吸附的被降解物捕获外，还可被掺杂形成的表面势阱（缺陷）捕获后再向被降解物转移。掺杂使TiO_2表面能增加，使TiO_2纳米管吸附捕获降解物的能力增强，一定浓度范围内的掺杂有助于催化剂活性的提高。如前所述，适量的掺杂，可在TiO_2晶粒表面存在少量的CeO_2。暴露于反应界面的掺杂金属离子可以先吸收光生电子或空穴，然后与溶液分子或目标降解物质发生反应，掺杂的稀土离子参与目标降解物的反应还可以改变其反应途径，加快其降解进程。

TiO_2纳米晶粒及其周围无定形碳的存在增加了体系的比表面积，对于光催化反应来说，催化剂表面不存在固定的活性中心，氧化还原反应是由光生电子和空穴引起的。当催化剂表面的晶格缺陷等其他因素相同时，体系的比表面积大，反应面积就大，对被降解物的吸附量就大，其光催化反应速率和效率就大，从而提高TiO_2的光催化性能。

（4）对能带结构的影响

根据半导体能带理论：掺杂可以在TiO_2原有能隙中形成附加能级，由于杂质能级位于TiO_2的禁带之中，导带上的电子和价带上的空穴可被杂质能级捕获，使电子和空穴分离，从而降低了电子—空穴对的复合概率，延长了载流子的寿命。同时TiO_2带隙中这种能级的引入，使能量较小的光子能激发掺杂能级上捕获的电子和空穴，使TiO_2的吸收带边红移，从而扩展半导体对光的吸收范围，提高光子的利用率。另外，掺杂的同时也可使载流子的扩散长度增大，从而延长了电子和空穴的复合时间，继而提高光催化活性。

本研究的掺铈TiO$_2$/C复合气凝胶对亚甲基蓝的降解机理究竟是哪种因素起主导作用还不是很确切，有待在今后的研究中进一步采用新的表征手段加以验证，也可能是几种因素协同作用的结果。

5.2.3　加入自由基（空穴）捕获剂的TiO$_2$/C复合气凝胶光催化降解亚甲基蓝机理分析

由5.4.1和5.4.2两节的实验可知，NaHCO$_3$的加入在紫外光和可见光照射下，不管是对低浓度（10mg/L）还是高浓度（20mg/L）亚甲基蓝，未掺杂与掺杂稀土元素Ce的样品，相比于没有加入NaHCO$_3$的空白溶液，均有不同程度促进亚甲基蓝降解的作用，NaHCO$_3$作为一种HO·自由基捕获剂，加入后可迅速与HO·自由基反应生成没有氧化能力的CO$_3^-$·自由基，实验发现此种自由基捕获剂的加入不仅没有抑制亚甲基蓝的脱色，反而有不同程度的促进作用，表明此时的反应并不是以HO·自由基反应为主，而在反应系统中引发亚甲基蓝脱色的除了HO·自由基外，一定还有其他高活性物质的存在，很可能是具有氧化性能的其他自由基的作用或者是空穴的直接作用，NaHCO$_3$的加入正好强化了该种自由基或者空穴的生成所以对亚甲基蓝的脱色有促进作用。

甲醇既是一种自由基捕获剂，同时也是空穴捕获剂，因此甲醇的加入，对反应系统的作用比较复杂，在体系中甲醇是体现其自由基捕获能力还是空穴捕获能力也不尽相同。

紫外光照射下，低浓度（10mg/L）亚甲基蓝，无论样品中是否掺杂稀土元素铈，甲醇均表现出抑制亚甲基蓝降解的趋势；高浓度下（20mg/L），则都表现出促进亚甲基蓝降解的趋势。可能是由于在低浓度下，甲醇表现出较强的HO·自由基捕获能力，阻碍了HO·自由基对亚甲基蓝的氧化；而在高浓度下，甲醇则体现出更强的空穴捕获能力，阻止了空穴与电子的复合而促进了亚甲基蓝的降解。

可见光照射下，没有掺杂铈的样品在两种浓度下，甲醇均表现出抑制亚甲基蓝降解的趋势；而掺杂铈的样品则在两种浓度下，甲醇均表现出不同程度的促进亚甲基蓝降解的趋势。可能是由于没有掺杂铈的样品中TiO₂的禁带宽度较大，在可见光照射下，亚甲基蓝处于激发态将电子传输给TiO₂较难，此时甲醇优先将自由基捕获而阻碍了降解反应进行；而掺杂铈的样品则由于稀土元素Ce的掺杂其禁带宽度降低，此时在可见光照射下，亚甲基蓝处于激发态，可迅速将电子传输给TiO₂而使亚甲基蓝得到降解，此时甲醇在体系中主要起到捕获空穴的作用，从而有效防止空穴与电子的复合，促进体系中亚甲基蓝的降解。

对比自由基（空穴）捕获剂的加入在紫外光和可见光照下不同的降解机理，进一步说明样品对亚甲基蓝的光催化降解在不同光照下的机理是不同的，而且整个反应体系也比较复杂，不能单一认为就是某种反应在起作用，而是在不同体系中究竟最后表现是抑制还是促进反应的进行，取决于哪种作用更强。

5.3 掺铈二氧化钛/碳复合气凝胶紫外光催化降解亚甲基蓝机理分析

5.3.1 掺铈TiO₂/C复合气凝胶紫外光催化降解亚甲基蓝机理分析

图5-4分别为没有掺铈样品TiO₂/C-Ce%-0和掺铈样品TiO₂/C-Ce%-3对亚甲基蓝紫外光催化降解随时间变化的照片。

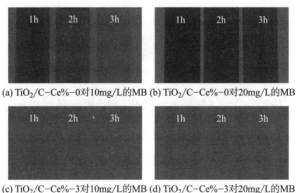

(a) TiO₂/C-Ce%-0对10mg/L的MB (b) TiO₂/C-Ce%-0对20mg/L的MB

(c) TiO₂/C-Ce%-3对10mg/L的MB (d) TiO₂/C-Ce%-3对20mg/L的MB

图5-4　不同时间下样品的紫外光催化降解

由图5-4可以看出，在相同光照时间下，$TiO_2/C-Ce\%-3$对亚甲基蓝降解后的溶液几乎为无色，而$TiO_2/C-Ce\%-0$则仍为不同程度的蓝色溶液。四张图可以看出随时间的延长，样品对亚甲基蓝的光催化后的溶液颜色逐渐变浅。

图5-5为不同掺铈量样品对10mg/L和20mg/L的亚甲基蓝紫外光催化降解3h后的紫外—可见漫反射曲线。

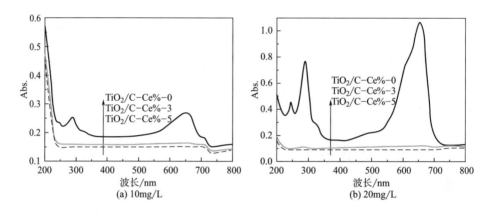

图5-5　不同掺铈量样品对不同浓度MB紫外光催化降解3h后的吸光度

由图5-5可以看出，没有掺铈的样品$TiO_2/C-Ce\%-0$经3h的紫外光照后吸光度值最高，因此其对亚甲基蓝的催化效果最差。对照图5-5（a）和（b）两图可以看出，相同样品对10mg/L的亚甲基蓝的光催化效果优于对20mg/L亚甲基蓝的光催化效果。而对于相同浓度的亚甲基蓝溶液，随着掺铈量的增加，对亚甲基蓝经3h紫外光照后在660nm处的吸光度值逐渐减小，表明随着掺铈量增加，样品对亚甲基蓝的光催化降解率逐步增加。

5.3.1.1　TiO₂/C-Ce%-5紫外光催化亚甲基蓝随浓度的变化

根据对不同铈掺量样品对不同浓度亚甲基蓝溶液光催化降解效果进行分析表明，$TiO_2/C-Ce\%-5$经3h紫外光照后亚甲基蓝的吸光度值最低，也就是说$TiO_2/C-Ce\%-5$对亚甲基蓝的光催化降解效果最好，本节着重研究$TiO_2/C-Ce\%-5$对不同浓度亚甲基蓝溶液的光催化降解效果。图5-6为样品$TiO_2/C-Ce\%-5$对10mg/L

和20mg/L的亚甲基蓝光照3h后的吸光度曲线。

由图5-6可以看出，TiO$_2$/C-Ce%-5对10mg/L和20mg/L的亚甲基蓝光照3h后在660nm处的吸光度值分别为0.09和0.13。

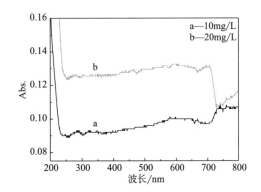

图5-6　TiO$_2$/C-Ce%-5对MB紫外光催化降解3h的吸光度曲线

5.3.1.2　TiO$_2$/C-Ce%-5紫外光催化亚甲基蓝随时间的变化

上节5.3.1.1研究了TiO$_2$/C-Ce%-5经3h紫外光照后对不同浓度亚甲基蓝的光催化效果，本节着重研究TiO$_2$/C-Ce%-5在不同时间内对10mg/L亚甲基蓝的光催化效果。图5-7为TiO$_2$/C-Ce%-5对10mg/L亚甲基蓝在光照前及光照后1h、2h、3h后亚甲基蓝的吸光度曲线。由图可以看出，光照前，亚甲基蓝在660nm处的吸光度值为2.0左右，而经紫外光照不同时间后，随

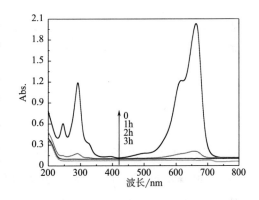

图5-7　TiO$_2$/C-Ce%-5对10mg/L的MB紫外光催化降解随时间的吸光度曲线

着时间延长，在660nm处的吸光度值逐步下降，经3h后的吸光度值接近零，表明随着时间延长，样品TiO$_2$/C-Ce%-5对亚甲基蓝基本已经全部降解。

5.3.2　掺铈TiO$_2$/C复合气凝胶可见光催化降解亚甲基蓝机理分析

5.3.2.1　不同掺铈量样品对亚甲基蓝可见光催化降解效果分析

上一小节5.3.1对掺铈样品在紫外光照下对亚甲基蓝的光催化效果进行了系统分析，本小节将着重研究在可见光照下掺铈样品对亚甲基蓝的光催化效果。图5-8为不同时间下TiO$_2$/C-Ce%-3和TiO$_2$/C-Ce%-5分别对10mg/L和20mg/L亚甲基蓝的光催化降解后的照片。由图可以看出，在相同光照时间内，样品对

10mg/L的亚甲基蓝降解后几乎为无色，而对20mg/L的亚甲基蓝仍然呈现蓝色。针对20mg/L的亚甲基蓝，随着光照时间延长，亚甲基蓝的颜色逐渐变淡，表明对亚甲基蓝的脱色降解更加彻底。

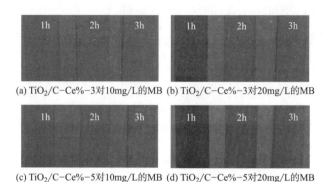

(a) TiO₂/C-Ce%-3对10mg/L的MB (b) TiO₂/C-Ce%-3对20mg/L的MB

(c) TiO₂/C-Ce%-5对10mg/L的MB (d) TiO₂/C-Ce%-5对20mg/L的MB

图5-8　样品的可见光催化降解

为了进一步说明不同铈掺量样品对亚甲基蓝的可见光催化降解效果，通过采用紫外—可见漫反射仪对可见光照后的亚甲基蓝在200～800nm之间的吸光度值的测试可以较为科学地分析样品对亚甲基蓝的可见光催化效果。图5-9为样品在可见光照下对亚甲基蓝的吸光度曲线。由图5-9（b）可以看出，TiO_2/$C-Ce\%-3$对亚甲基蓝经3h可见光照后在660nm处的吸光度值最小，表明该样品在可见光照下对亚甲基蓝的光催化效果最好；TiO_2/$C-Ce\%-1$对亚甲基蓝经3h可

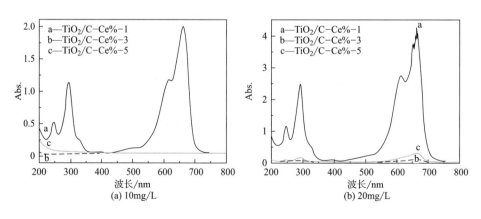

图5-9　样品对MB可见光催化降解3h后的吸光度

见光照后在660nm处的吸光度值最大，表明该样品在可见光照下对亚甲基蓝的光催化效果最差。

对照图5-9（a）和图5-9（b）可知，10mg/L的亚甲基蓝在样品TiO_2/C-Ce%-3、TiO_2/C-Ce%-5经可见光照3h后在660nm处的吸光度值几乎为零，而20mg/L的亚甲基蓝在样品TiO_2/C-Ce%-3、TiO_2/C-Ce%-5经可见光照3h后在660nm处尚有吸收，表明样品TiO_2/C-Ce%-3、TiO_2/C-Ce%-5对10mg/L的亚甲基蓝的光催化降解效果更加彻底。

5.3.2.2　TiO_2/C-Ce%-3可见光催化亚甲基蓝随浓度变化

根据5.3.1对不同铈掺量样品对亚甲基蓝的可见光催化降解效果分析可知，样品TiO_2/C-Ce%-3对亚甲基蓝的可见光催化降解效果最好，本节则着重分析该样品对不同浓度亚甲基蓝的可见光催化降解效果。图5-10为样品TiO_2/C-Ce%-3对10mg/L和20mg/L的亚甲基蓝经可见光照3h后的吸光度曲线。由图5-10可以看出，TiO_2/

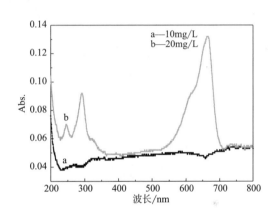

图5-10　典型样品TiO_2/C-Ce%-3对MB可见光催化降解3h的吸光度曲线

C-Ce%-3对10mg/L和20mg/L的亚甲基蓝经光照3h后在660nm处的吸光度值分别为0.04和0.13。

5.3.2.3　TiO_2/C-Ce%-3可见光催化亚甲基蓝随时间的变化

5.3.2.2研究了TiO_2/C-Ce%-3经3h可见光照后对不同浓度亚甲基蓝的光催化效果，本小节着重研究TiO_2/C-Ce%-3在不同时间内对20mg/L亚甲基蓝的光催化效果。

图5-11为TiO_2/C-Ce%-3对20mg/L亚甲基蓝在可见光照后1h、2h、3h后亚甲基蓝的吸光度曲线。

由图5-11可以看出，经可见光照不同时间后，随着时间的延长，在660nm

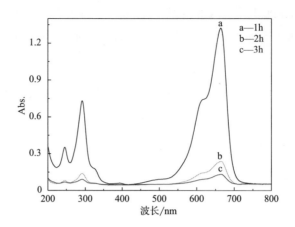

图5-11 典型样品TiO₂/C-Ce%-3对20mg/L的MB可见光催化降解随时间的吸光度曲线

处的吸光度值逐步下降，经3h后的吸光度接近0.1。

5.4 自由基（空穴）捕获剂对二氧化钛/碳复合气凝胶 光催化反应的影响

5.4.1 可见光照射

为了阐明掺铈TiO₂/C复合气凝胶可见光催化反应机理，探讨催化反应是否属于自由基反应十分重要，为此设计了如下实验：以TiO₂/C-Ce%-0和TiO₂/C-Ce%-3两组样品为对象，分别量取10mg/L（样品添加量为25mg）和20mg/L（样品添加量为40mg）亚甲基蓝溶液50mL，一组对比实验中添加自由基捕获剂NaHCO₃的质量为0.021g，另一组对比实验中添加甲醇溶液2.5mL。在可见光下进行光催化脱色实验，实验结果如图5-12和图5-13所示。

图5-12为TiO₂/C-Ce%-0在可见光照射下，分别考察空白样品，添加NaHCO₃、CH₃OH后对亚甲基蓝光催化降解90min后的紫外—可见漫反射曲线。由图5-12可以看出两种浓度下，添加NaHCO₃的样品经90min降解后在660nm处的吸光度值比空白样品的吸光度值低，表明NaHCO₃的加入有利于亚甲基蓝的

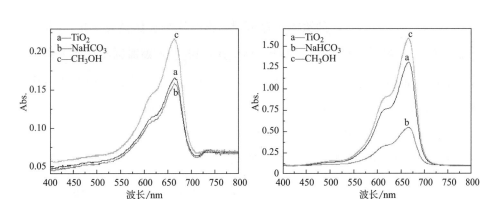

图5-12　自由基捕获剂对TiO_2/C-Ce%-0可见光催化降解MB的影响

降解；而添加CH_3OH一组在相同条件下吸光度值有所上升，表明相同条件下CH_3OH的加入抑制了亚甲基蓝的降解。

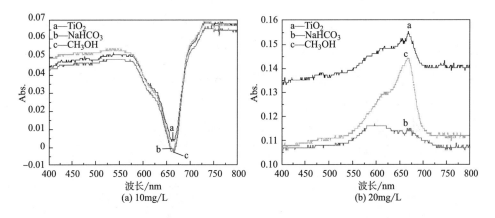

图5-13　自由基捕获剂对TiO_2/C-Ce%-3可见光催化降解MB的影响

图5-13为TiO_2/C-Ce%-3在可见光照射下，分别考察空白样品、添加$NaHCO_3$、CH_3OH后对亚甲基蓝光催化降解90min后的紫外—可见漫反射曲线，图5-13（a）亚甲基蓝浓度为10mg/L降解后的曲线，图5-13（b）亚甲基蓝浓度为20mg/L降解后的曲线。由图5-13可以看出两种浓度下，添加$NaHCO_3$、CH_3OH的样品经90min降解后在660nm处的吸光度值比空白样品的吸光度值均降低，表明$NaHCO_3$、CH_3OH的加入有利于亚甲基蓝的降解。

对比图5-12和图5-13的吸光度值发现，当样品中没有掺杂铈时，NaHCO₃的加入有利于样品对亚甲基蓝的降解，而CH₃OH的加入则抑制了样品对亚甲基蓝的降解；而当样品中掺杂铈后，NaHCO₃、CH₃OH的加入均有利于样品对亚甲基蓝的降解。

5.4.2 紫外光照射

5.4.1对可见光照射下捕获剂对亚甲基蓝光催化脱色的影响，为进一步研究紫外光照射与可见光照射下样品对亚甲基蓝光催化脱色机理的异同，本节以紫外光为光源，实验设计方案与5.4.1相同，实验结果如图5-14和图5-15所示。

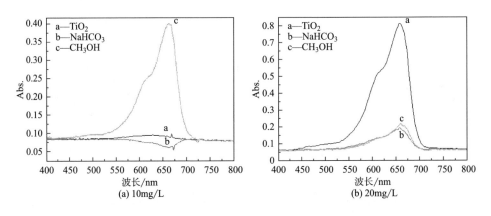

图5-14　自由基捕获剂对TiO₂/C-Ce%-0紫外光催化降解MB的影响

图5-14为TiO₂/C-Ce%-0在紫外光照射下，分别考察空白样品、添加NaHCO₃、CH₃OH后对亚甲基蓝光催化降解90min后的紫外—可见漫反射曲线。由图5-14可以看出，10mg/L亚甲基蓝在紫外光照射下添加NaHCO₃的样品经90min降解后在660nm处的吸光度值比空白样品的吸光度值低，表明NaHCO₃的加入有利于亚甲基蓝的降解，添加CH₃OH一组在相同条件下吸光度值有所上升，表明CH₃OH的加入抑制了亚甲基蓝的降解；而20mg/L的亚甲基蓝在紫外光照射下，添加NaHCO₃、CH₃OH后在660nm处的吸光度值均比空白样品的吸光度

值低，表明NaHCO₃、CH₃OH捕获剂的加入均有利于该浓度下亚甲基蓝的紫外光催化降解。

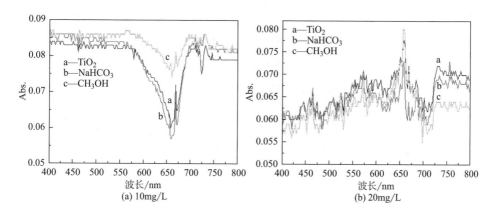

图5-15　自由基捕获剂对TiO₂/C-Ce%-3紫外光催化降解MB的影响

图5-15为TiO₂/C-Ce%-3在紫外光照射下，分别考察空白样品、添加NaHCO₃、CH₃OH后对亚甲基蓝光催化降解90min后的紫外—可见漫反射曲线。由图5-15可以看出，10mg/L亚甲基蓝在紫外光照射下添加NaHCO₃的样品经90min降解后在660nm处的吸光度值比空白样品的吸光度值低，表明NaHCO₃的加入有利于亚甲基蓝的降解，添加CH₃OH一组在相同条件下吸光度值有所上升，表明CH₃OH的加入对该浓度亚甲基蓝的降解有一定抑制作用；而20mg/L的亚甲基蓝在紫外光照射下，添加NaHCO₃、CH₃OH后在660nm处的吸光度值均比空白样品的吸光度值略有降低但并不是很明显，表明NaHCO₃、CH₃OH的加入均有利于该浓度下亚甲基蓝的紫外光催化降解。

对比图5-14和图5-15可知，在紫外光照射下，两种捕获剂的加入，当亚甲基蓝浓度为10mg/L时，稀土元素铈掺杂与否的降解脱色规律相同；而当亚甲基蓝浓度为20mg/L时，没有掺杂铈的样品中NaHCO₃的加入有利于亚甲基蓝的降解，CH₃OH的加入抑制了亚甲基蓝的降解；掺杂铈的样品则是NaHCO₃、CH₃OH的加入均有利于亚甲基蓝的降解。

5.5　小结

本章以亚甲基蓝为目标降解物，利用制备的未掺杂和掺杂的TiO_2/C复合气凝胶作为研究对象，对亚甲基蓝进行紫外光和可见光催化降解实验，探索了TiO_2/C复合气凝胶光催化降解机理和稀土元素Ce的掺杂提高TiO_2/C复合气凝胶光催化性能机理。研究表明，掺杂适量的Ce可提高TiO_2/C复合气凝胶的光催化性能。稀土元素Ce掺杂TiO_2/C复合气凝胶光催化性能的提高是TiO_2晶型、晶格缺陷、表面结构、能带结构等诸多因素共同作用的结果。通过以甲醇和碳酸氢钠为自由基（空穴）捕获剂，在反应液中加入自由基（空穴）捕获剂分别在可见光照和紫外光照下对亚甲基蓝光催化降解效果进行对比实验，结果表明在不同体系中捕获剂所起的作用不同，究竟最后表现为抑制还是促进反应的进行，与体系中亚甲基蓝的浓度、光源种类、样品是否掺杂等诸多因素有关，最后取决于体系以何种反应为主以及哪种作用更强。

第6章 萜烯类化合物光催化降解反应研究

6.1 国内外萜烯类化合物光催化降解的研究现状

国内外科学家对萜烯类化合物降解研究主要在热化学降解方面，涉及光化学降解研究较少，有关可见光就更少了，所以针对该领域进行光催化降解研究具有很大的挑战性。通过光催化降解来研究β-胡萝卜素和西柏三烯二醇的降解，可使反应体现条件比较温和、绿色、环保等特点。

在21世纪光化学之所以引起越来越多的重视，其一，是因为太阳作为一种能源，在地球逐渐出现能源危机的时候，变得越来越重要；其二，光化学与一般热化学反应相比有许多不同之处，主要表现在：

①光是一种非常特殊的生态学上清洁的"试剂"。

②光化学反应条件一般比热化学要温和。

③光化学反应能提供安全的工业生产环境，因为反应基本上在室温或低于室温的条件下进行。

④有机化合物在进行光化学反应时，不需要进行基团保护。

⑤在常规合成中，可通过插入一步光化学反应大幅缩短合成路线。

随着化学绿色化发展的需要，光化学合成方法受到广大化学研究者的关注与重视，针对β-胡萝卜素的光降解也有一定的报道。

Isoe等研究了在β-胡萝卜素的苯和甲醇溶液中加入催化量的碱和玫瑰红，用30W荧光灯照射48h，在有光敏剂和没有光敏剂存在下的光氧化产物情况，结果发现：有光敏剂时则得到了以二氢猕猴桃内酯为主的产物，还得到了少量的β-紫罗兰酮、6-羟基-2，2，6-三甲基环已酮和未知的内酯。如果在没有光敏剂时则主要得到β-紫罗兰酮，而二氢猕猴桃内酯则很少。

Enzell研究认为，类胡萝卜素在单线态氧分子的进攻下，生成三种氧化物中间体，重排分解后生成氧化产物。其中β-胡萝卜素在6-7、7-8、8-9和9-10不同位置上发生键的断裂，可生成二氢猕猴桃内酯、β-紫罗兰酮等。

利用光化学方法来进行β-胡萝卜素和西柏三烯二醇的利用研究具有更大的经济和环保价值。本课题将对β-胡萝卜素和西柏三烯二醇的光氧化反应和光降解反应进行一些新的探索。

6.2　β-胡萝卜素光催化降解反应研究

根据本章研究计划，进行催化剂的制备，包括TiO_2纳米材料的制备，以及掺杂Fe^{3+}、Ru^{2+}和Ag^+的纳米TiO_2的制备。以相应掺杂Fe^{3+}、Ru^{2+}和Ag^+的纳米TiO_2作为光敏剂，在蓝色LED灯、紫外灯、白色的荧光灯和氙灯等光作用下，进行β-胡萝卜素的光降解反应，得到不同比例的异佛尔酮、β-环柠檬醛、β-紫罗兰酮、环氧-β-紫罗兰酮以及二氢猕猴桃内酯等物质，此类物质均是香料物质。具体的研究内容如下。

以β-胡萝卜素作为降解原料，以TiO_2等作为光敏剂，进行光降解反应，反应式如下：

$$\beta\text{-胡萝卜素} \xrightarrow[hv]{TiO_2} \text{产物} \tag{6-1}$$

6.2.1　纳米TiO_2的制备

6.2.1.1　溶胶—凝胶法

溶胶—凝胶法原理如下：

$$Ti(OR)_4 + 4H_2O \longrightarrow Ti(OH)_4 + 4ROH$$

$$Ti(OR)_4 + Ti(OH)_4 \longrightarrow 2TiO_2 + 4ROH$$

$$2Ti(OH)_4 \longrightarrow 2TiO_2 + 4H_2O$$

以钛酸正丁酯为原料，量取17.0mL钛酸正丁酯和 4.8mL冰醋酸溶于34mL无水乙醇中，搅拌 30min，然后边搅拌边缓慢滴入1mL水和10mL无水乙醇的混合溶液，再搅拌1h，即得到淡黄色的稳定、均匀、透明的TiO_2溶胶。

将配好的溶胶首先在常温下干燥，使其凝胶化，静置 1～2d后，放入100℃的马弗炉中保温一定时间；将炉温升至500℃，再保温2h后，冷却至常温；将冷却后的TiO_2取出，放在研钵中磨细，即得纯TiO_2纳米粉末。

6.2.1.2 溶胶—凝胶法制备掺杂Fe^{3+}、Ru^{2+}和Ag^+的TiO_2

称取0.14g $FeCl_3 \cdot 6H_2O$、0.33g Ru（bpy）$_3Cl_2 \cdot 6H_2O$或者0.09g $AgNO_3$，使之溶于20mL的水或无水乙醇，配制成c（Fe^{3+}）、c（Ru^{2+}）、c（Ag^+）为0.026mol/L的溶液，将其缓慢滴入已配制好的含1g的TiO_2溶胶中，继续搅拌1h，即得到掺杂铁离子、钌离子或者是银离子的复合半导体溶胶。将配好的溶胶先在常温下干燥使其凝胶化，静置 1～2d后，置入200℃ 的马弗炉中保温1h；将炉温升至500℃，再保温2h后，冷却至常温；将冷却后的改性TiO_2取出，放在研钵中磨细，即得掺杂 $Fe^{3+}/ Ru^{2+}/Ag^+$的TiO_2纳米粉末。

6.2.1.3 水热法制备掺杂Fe^{3+}、Ru^{2+}和Ag^+的TiO_2

将1g的纳米TiO_2（P25antase）均匀分散于25mL蒸馏水中，0.14g $FeCl_3 \cdot 6H_2O$、0.33g Ru（bpy）$_3Cl_2 \cdot 6H_2O$或是0.09g $AgNO_3$加入TiO_2悬浮液中。室温下搅拌3～4h后，在70℃下，使用旋转蒸发仪除去水。样品在真空干燥箱中70℃下干燥。干燥的样品放入马弗炉中，100℃保温一段时间，升温至300℃，煅烧4h。取出后冷却至常温，将冷却的TiO_2放在研钵中磨细，即得掺杂$Fe^{3+}/ Ru^{2+}/Ag^+$的TiO_2纳米粉末。

6.2.2 结构形貌分析

图6-1主要为制备的几种TiO_2光催化材料的SEM图谱。从图6-1中可以明显

地看出，制备的光催化材料主要以团聚的形式出现，其中除了掺杂Ru^{2+}的TiO_2之外，其余的掺杂TiO_2光催化材料的团聚体的大小大约在50nm，团聚体以球型粒子为主，而掺杂Ru^{2+}的TiO_2的团聚体大小约在200nm的范围内，且团聚体呈现不规则的几何体。

(a) 纳米TiO_2

(b) 掺4%(摩尔分数)Ru^{2+}的TiO_2

(c) 掺4%(摩尔分数)Ag^+的TiO_2

(d) 掺4%(摩尔分数)Fe^{3+}的TiO_2

(e) 掺4%(摩尔分数)Fe^{3+}的P25

(f) 掺4%(摩尔分数)Ag^+的P25

图6-1　TiO_2的SEM图

6.2.3　β-胡萝卜素降解反应方案

在150mL光反应管中加入10mg β-胡萝卜素，并加入一定量的纳米TiO_2，然后加入50mL溶剂。超声振荡10min，使β-胡萝卜素完全溶解于溶剂中。在一定的温度条件下，在不同光源光照下进行搅拌。搅拌直至β-胡萝卜素溶液变成透明溶液。反应结束后取样，2500r/min离心10min。用针式过滤器取上层清液进行GC—MS检测，得出降解产物成分分析结果。

6.2.4　β-胡萝卜素光催化降解产物分析

主要采取四种光源来进行β-胡萝卜素的光降解反应，分别为蓝色的LED灯、紫外灯、白色荧光灯以及氙灯。下面是在空气环境中，室温为20℃，溶剂为正己烷，纳米TiO_2或掺杂 Fe^{3+}/ Ru^{2+}/Ag^+的TiO_2纳米粉末作光敏剂的条件下，各种光源光照下主要降解产物的含量比较。

（1）蓝色LED灯光照

图6-2为蓝光照射20h下生成的主要产物及含量。

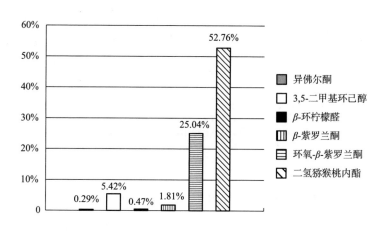

图6-2　蓝色LED灯光照情况下生成的主要产物及含量

（2）紫外光光照

图6-3为紫外光照射6h下生成的主要产物及含量。

155

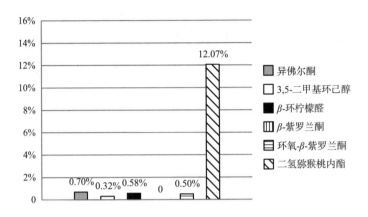

图6-3 紫外灯光照情况下生成的主要产物及含量

（3）白色荧光灯光照

图6-4为白色荧光灯照射18h下生成的主要产物及含量。

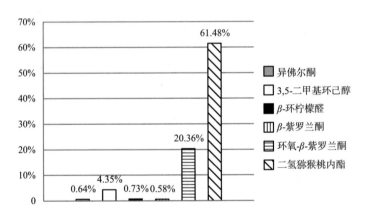

图6-4 白色荧光灯光照情况下主要产物及含量

（4）氙灯光照

由图6-5可以看出，检出的成分中，主要成分中的异佛尔酮、β-环柠檬醛、β-紫罗兰酮、环氧-β-紫罗兰酮以及二氢猕猴桃内酯等物资均是香料物质。β-环柠檬醛具有凉香、果香和清香。β-紫罗兰酮是玫瑰香气的主要贡献物，它是一个重要的香料化学品，用于香水、香料和调味料。

从实验结果看，在四种光的作用下，环氧-β-紫罗兰酮和二氢猕猴桃内酯

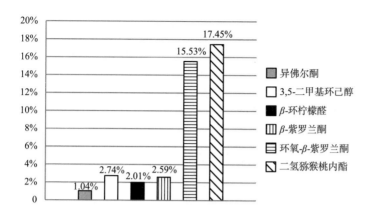

图6-5 氙灯照射26h下生成的主要产物及含量

都是主要产物，而在白色的荧光灯作用下，效果最好，二氢猕猴桃内酯得率可达61%，环氧-β-紫罗兰酮也可达20%。

6.3 小结

本章研究的目的是通过光催化剂TiO_2光催化降解β-胡萝卜素，从而得到β-胡萝卜素的降解产物，为后续在卷烟制作工艺中添加寻找一种新的降解方法。

本章采用溶胶—凝胶法制备光催化剂纳米TiO_2以及过渡金属离子掺杂的TiO_2，同时对制备的TiO_2进行XRD、SEM以及DSC-TG的表征与分析。在此基础上进行β-胡萝卜素的光降解反应。实验通过β-胡萝卜素的剩余浓度来判断制备的TiO_2的光催化活性、光源以及氧含量对于β-胡萝卜素降解速率的影响。采用气相色谱—质谱联用仪对降解产物进行了分析汇总。通过溶剂、光催化剂、光源以及氧含量四种因素对三种主要降解产物的含量进行了比对分析。

第7章　二氧化钛/碳复合气凝胶光催化降解酮麝香的研究

7.1　复合气凝胶光催化降解酮麝香的研究现状

7.1.1　水体中典型合成麝香的概况

7.1.1.1　合成麝香的分类

合成麝香依据其化学结构可分为三大类：硝基类麝香化合物（nitro musk）、多环麝香类化合物（polycyclic musk）和大环类麝香（macrocyclic musk）。

（1）硝基类麝香

硝基类麝香是一类芳香环上由烷基高度取代的硝基苯类化合物，具有芳香香气，成本相对低廉等特性，常见的有二甲苯麝香（musk xylene）、酮麝香（musk ketone，MK）、葵子麝香（musk ambrette）、西藏麝香（musk tibetene）等。

（2）多环类麝香

多环类麝香依据分子结构也可分为三类：萘满、茚满和三环异色满类，它们的结构中不含硝基，具有香气细腻、性质稳定、价格低廉等特性，典型的有吐纳麝香（tonalid，AHTN），佳乐麝香（galaxolide，HHCB）等。

（3）大环类麝香

大环类麝香是一类具有环状大分子化合物，它们的结构中不含硝基，与天然麝香结构最为接近，对环境危害较小，具有独特浓郁的香味，具有更出色的稳定性和散发性，当然也具有价格相对较贵、资源有限、工艺冗杂等特性，主要包括麝香酮（muscone）、灵猫酮（civettone）、环十五内酯（exaltolide）、环十五烷酮（exaltone）、麝香–T（musk T）等，表7-1为三大类麝香中几种典型麝香类化合物的相关参数。

表7-1　几种典型麝香类化合物的相关参数

名称	CAS号	分子式	结构式
二甲苯麝香（MX）	81–15–2	$C_{12}H_{15}N_3O_6$	
酮麝香（MK）	81–14–1	$C_{14}H_{18}N_2O_5$	
佳乐麝香（HHCB）	1222–05–5	$C_{18}H_{26}O$	
吐纳麝香（AHTN）	1506–02–1	$C_{18}H_{26}O$	
麝香酮（muscone）	541–91–3	$C_{16}H_{30}O$	
环十五烷酮（exaltone）	502–72–7	$C_{15}H_{28}O$	

7.1.1.2　水环境中合成麝香的污染现状

由于合成麝香具有天然麝香的香气，香气均匀稳定，加之价格相对低廉，很快成为天然麝香的替代品，于是在相当长的一段时间里都被大量地生产、销售和使用。据统计，20世纪80年代中期世界合成麝香总量已达7000t，其中多环麝香的生产总量占比最多，其次为硝基麝香和大环麝香。大环麝香与天然麝香结构最为相近，当然其制备工艺也相当复杂，多用于高端的化妆品制备中，故其价格也相当昂贵。这些合成麝香主要用在日用护肤品、洗涤用品、洗发香精、高级香水以及医药用品等产品中，随着这些麝香产品的使用，合成麝香由生活污水、医院废水、制药厂废水、污水处理厂、活性污泥等进入环境当中，从而对环境产生危害。

自从日本学者在水环境及鱼类中检测出麝香类物质以来，各相关专家和学者相继在地表水、地下水、废水、鱼虾等生物体内检测出合成麝香，甚至在人体的母乳中也检测出合成麝香化合物。为此，从1985年，国际香料协会（international fragrance association，IFA），规定"葵子麝香不得在任何与皮肤接触的化妆品中使用"以来，人们开始对各种对环境影响较大的麝香化合物的使用和添加量进行限定。如1995年，欧盟禁止使用葵子麝香，随后又规定了化妆品中禁止添加伞花麝香和西藏麝香。尽管相关规定在一定程度上减少了酮硝基类麝香的使用，但另两类麝香化合物的使用量却在增多，随着相关学者和组织不断地研究和检测，对环境和人体不利的报道越来越多，民众对合成麝香在产品中添加量的关注日益密切，于是加拿大、美国、日本等国相继颁布法令法规，对麝香的使用进行了相当严格的规定。

1999年，加拿大环保局颁布环境保护法（Canadian Environmental Protection Act,1999）中，在与合成麝香相关的产品中，提出要减少合成麝香的制备、使用和排放。2007年，挪威污染控制局（Norwegian Pollution Control Authority, SFT）提出（PoHS Prohibition on Certain Hazardous Substances in Consumer Products）法令，对18种有害物质在挪威消费品中的使用进行了管制，其中包括了部分合成麝香。在相关法律法规的出台方面，我国起步较晚。但近年来通过各方面的努力，已取得了显著的进步，如2007年颁布的《化妆品卫生规范》，将伞花麝香、葵子麝香和西藏麝香列为禁用物质，同时对酮麝香和硝基类麝香在相关日化产品及香水中的添加量进行了强制限定。

7.1.1.3 水环境中合成麝香的毒理效应

目前,对合成麝香的毒副作用的研究已有很多报道，但对其深入的研究以及其致毒机理的报道还鲜见报道，对相关毒理产生的原因还不甚了解，学术界已有相关实验研究表明。

（1）环境激素的影响

有报道指出，硝基类以及多环类麝香化合物对动物以及微生物的内分泌会产生一定的干扰，1999年，Api等在给老鼠注射麝香类物质发现，经过佳乐麝香处理过的雌性老鼠，其子宫腔都出现不同程度的扩张，与未经过佳乐麝香处理的对照组相比，有些老鼠的子宫腔扩张得更大，而有些老鼠的子宫腔却出现轻微缩小的现象。这说明佳乐麝香可能具有雌激素的作用。随后，Smeets等研究了硝基麝香对鲤鱼肝脏细胞的影响，结果发现，接触过硝基麝香的鱼类并没有产生激素水平作用。通过以上研究可以看出，关于合成麝香是否为环境激素还存在争议，可能成为环境激素具有一定的选择性，但是水环境中存在过高的合成麝香含量对生物系统肯定会有一定的影响，这还需要后续试验和研究来证明。

（2）生物遗传的影响

合成麝香在生物体内具有遗传性，最先表现在生殖能力方面。2000年，Carlsso等对斑马鱼交配产卵后（其中雄性接触过酮麝香），雄性斑马鱼和雌性斑马鱼胚胎发育状况进行了研究，结果表明酮麝香对雄性斑马鱼的生殖能力产生了负面影响，扰乱了正常卵细胞的成熟，使卵细胞的成熟时间延长，同时降低了早期胚胎的存活率。2001年，Mersch-Sundermann等通过人体Hep G2细胞微核实验探索了苯并芘-麝香酮对细胞核的诱变性，该研究结果表明,麝香酮能增强苯并芘对人体HepG2细胞的诱变性。以上报道，说明合成麝香会对环境中的生物产生遗传上的影响，对生物存在较为深远的影响。

（3）对酶活性的影响

大量实验表明,合成麝香能够对酶的活性产生一定的诱导性。1999年,Mersch-Sundermann等采用体内和体外模拟实验法,观察了Musk ketone和Musk xylene对小鼠的肝脏细胞是否产生酶活性影响。结果显示,在有肝脏细胞S9时,酮麝香能够增强2-氨基蒽、苯并芘等对鼠肝脏的毒性;而二甲苯麝香只能增加2-氨基蒽的基因毒性,对苯并芘并没有作用。该研究结果表明Musk ketone和Musk xylene对鼠肝脏细胞均能产生强烈的酶活性诱导效应,但这种诱导性也具有一定的选择性。2005年,Skladanowski等进行体外抑制实验时,发现合成麝香（酮麝香、佳乐麝香、吐纳麝香等）均可对小鼠骨骼、肌肉中AMP脱氨酶的活性起着抑制作用,从而使小鼠骨骼和肌肉的发育发生变化。从以上实验可见,合成麝香一方面不仅能激化一些酶的活性,另一方面还能抑制一些酶的活性,并且具体对酶产生何种影响与麝香和酶的种类、性质等密切相关。

（4）对微生物的毒性

1996年,Emig等利用小鼠SOS染色体畸变试验和伤寒沙门氏菌毒性试验研究了5种硝基麝香对它们的基因毒性。结果表明,不管肝脏代谢物质S9是否存在,二甲苯麝香、西藏麝香、酮麝香和伞花麝香对其均无并诱变性和基因毒性;而在肝脏代谢物质S9存在时,麝香梨对SOS染色体和伤寒沙门氏菌具有一定的基因毒性和基因诱变性;S9不存在时,则没有任何变化,这表明不同的硝基麝香毒性具有一定的差异,且与不同的作用细胞也有一定的关系。与此相似的是在1998年,Mersch-Sundermann等采用沙门氏typhimuriu细菌和埃氏菌属大肠杆菌PQ37,通过合成麝香的处理进行细菌基因毒性试验,研究了在有无鼠肝脏代谢物质S9存在的情况下,多环麝香化合物（如萨利麝香、佳乐麝香、特拉斯麝香、开司米酮和吐纳麝香等）对细菌DNA的损坏程度。结果显示,当多环麝香在溶剂中的溶解度至最大时,无论是否存在鼠肝脏代谢物质S9,其对埃氏细菌大肠杆菌PQ37的外源新陈代谢体系均未检测到SOS染色体诱导效应或基因毒性。

2002年,Abramsson-Zetterberg等采用体外微核实验和沙门氏细菌实验

（Ames实验），考察了大环麝香化合物，如十二烷二酸双乙二醇酯（ED）、巴西基酸亚乙基酯（EB）和环十五内酯（CPD）等对细胞的基因毒性。通过Ames实验可以发现，无论肝脏代谢活性物质S9是否存在，当掺入上述3种麝香化合物后,系统中组氨酸回复子数量并未受到显著影响，而在对照组中，使用苯并芘处理后，在TA100菌株中的组氨酸的回复子数量总数是对照值的4倍，呈现出十分明显的影响。

从已有报道的微生物毒性的实验研究上来看，多数情况下，合成麝香单一存在时并不是微生物基因毒性或者基因诱变物质；但是，在有肝脏代谢活性物质S9的参与下，部分合成麝香会对微生物表现出一定的基因毒性和诱变性。

7.1.2 水体中合成麝香的检测方法

合成麝香的分析检测是在复杂的基质中对微量的目标物进行定性、定量分析的检测过程，通常包括前处理、分离检测和综合分析等步骤。其中前处理主要包括麝香的提取、净化和浓缩等过程，前处理方法是否合适对检测的准确性至关重要。分离检测是合成麝香物质分离的关键步骤，主要有以下几种。

7.1.2.1 薄层色谱法

薄层色谱法（thin layer chromatography，TLC），即将适量的固定相均匀涂抹于塑料板、玻璃或铝基片上，形成一层均匀薄膜。样品处理后，点样、展开，依据比移值（Rf）与合适的对照物按相同的方法所得的色谱图的比移值进行对比，用来进行杂质检测、药品甄别或者微量元素含量测定的方法。薄层色谱法是一种十分重要的实验检测技术，主要用于定性分析和快速分离少量物质，也经常用来跟踪反应进程。C.L.Goh等在检测古龙香水的麝香类化合物时，使用了薄层色谱法，展开剂为甲苯，结果显示，能够很好地进行分离，同时对分离出来的物质能够有效进行检测，检测出了两种麝香类物质。

7.1.2.2 气相色谱与气相色谱—质谱联用技术

气相色谱法（gas chromatography，GC）是以载气（通常为高纯氮气，含量99.99%）作为流动相，通过混合组分在气、固或气、液两相中经过多次的吸附、脱附或溶解、解析流程，从而达到混合组分物质完全分离的方法。此种检测技术是传统的合成麝香分析方法，其对麝香类物质具有高选择性，分离效果的好坏取决于检测器的选择，目前国内外已有很多利用GC和不同检测器联用技术准确检测出环境中合成麝香的报道。然后随着科学研究的深入，气相色谱质谱仪（GC—MS）连用技术越来越受到人们的关注，气相色谱能够对合成麝香进行有效的分离而质谱能够对分离出来的物质进行定性，它们的联用将对合成麝香的分析起到十分重要的作用。常用的GC—MS方法有GC—EI—MS、GC—SIM—MS等。

7.1.2.3 高效液相色谱与高效液相色谱—质谱联用技术

高效液相色谱（HPLC）是以液体为流动相，固定相通常为SiO_2，采用高压输液系统，将具有差异极性的单一溶剂或不同比例的混合溶剂以及合适的缓冲液等流动相通过泵吸入装有固定相的色谱柱，由于极性不同，不同的物质在色谱柱内各成分经过溶解、解析被分离后，进入检测器进行检测，从而实现对试样的分析。此种检测手段适用于高沸点、热不稳定性和非挥发性物质，其对样品前处理要求相对较低，其检出限也略高于GC和GC—MS。HPLC在含人工麝香成分的药物检测中具有重要作用，如2006年，卢忠魁等以ZORBAX C18柱，CH_3CN和H_2O作为流动相，UV检测器进行检测，结果能够较好地分离麝香酮和黄蜀葵酮。

另外，合成麝香的检测方法还有凝胶色谱法（GPC）、毛细管电泳法（CE）、核磁共振法（NMR）等，主要用于检测物质的元素和官能团，对样品的前处理要求较高。

7.1.3 常用麝香类污染物降解处理的方法

7.1.3.1 生物降解法

生物降解法是一种较为理想的治理有机污染的新技术，其原理是通过生物代谢作用，将存在于湖泊、河流和海洋中的有机污染物降解为无毒、无害物质，从而达到降解的目的。生物降解法主要包括微生物降解、植物降解和动物降解。

微生物降解技术是应用较为广泛且有效的一种处理方法，其原理是利用微生物以有毒有害的有机污染物为养分，通过自身的新陈代谢活动，将有机污染物转化为易降解的物质甚至是无毒无害的有机物。这种方法操作简单，处理效率高，但对污染物的选择性较高，所需要的时间较长，并且微生物所需的生产条件也不易控制，在一些方面限制了其应用。李海波等采用固化微球菌技术修复地表水，实验表明，固化细菌的COD去除率可达64.7%，明显高于游离细菌。植物降解原理是利用其具有较强的积累水体中污染物的能力，通过自身的生长来去除污染物，是一种经济、有效、环保型的污染修复技术。但到目前为止，其降解技术还不成熟，应用范围较窄。

动物降解是一种较新的有机物处理方法，它是指环境中的某些动物群体，能够通过吸附或者富集的方式，来吸收和处理环境中的有机污染物，通过代谢来转化污染物对环境造成的危害。潘声旺等利用盆栽试验法，考察了蚯蚓对紫花苜蓿土壤修复污染的影响效应。结果显示，在浓度为 20.05～322.06mg/kg 时，蚯蚓的活动促进了菲污染土壤中紫花苜蓿根冠的生长。菲的去除率可达 58.60%～81.82%，其平均去除率（73.42%）比无蚯蚓活动的土壤—植物系统（64.02%）提高9.40%，说明蚯蚓的活动能去除土壤中的菲。

7.1.3.2　物理降解法

物理法降解是指利用物理的方法降低污水中合成麝香的浓度的方法，主要包括活性炭吸附、污泥吸附、沉淀法、超声降解法、萃取法、蒸馏法、洗脱法等。此种方法操作相对简便，多用在污水浓度较高，污染较严重的污水预处理上，其能明显地降低污染物的浓度和色度，但是它只能使污染物发生迁移或者发生形态变化，并不能使污染物彻底降解，不能从根本上解决问题，为此此法常作为废水预处理并和其他处理手段联合使用，从而取得较好的降解处理效果。

7.1.3.3　化学降解法

化学法由于能够对污染物进行彻底的氧化降解，因此在污染物处理方面应用十分广泛，主要包括中和法、湿式、高级氧化法、混凝法、氧化还原法、化学沉淀法等。其中应用较为广泛且效果较为理想方法为高级氧化法，主要包括光催化法、电化学、超临界法。

光催化降解法是指在光源（主要为紫外光、可见光）和光催化剂（n型半导体材料，如TiO_2）共同存在的情况下，通过氧化还原的方式将有机物污染物降解的方法。近年来，光催化技术已引起许多学者的关注，其中半导体材料TiO_2光催化氧化难降解有机污染物的研究成为人们关注的热点。其降解原理为：当光敏半导体二氧化钛在紫外光的照射下，将会产生出电子空穴对，它们可以与吸附表面的氧及水反应生成氢氧自由基、超氧离子等活性基团，具有极强氧化性的氢氧自由基能使有机物降解。如Verma A、Chhikara I等利用TiO_2/超声波对医药废水进行光降解处理，并考察了相关降解影响因素。结果表明，当TiO_2催化剂含量为1.0g/L，pH为4.0，双氧水的含量为0.075g/L时，降解率可达90%以上；Bhakta J N、Munekage Y等利用TiO_2在UV-water水流动系统中对氟哌酸和庆大霉素进行了降解实验，实验发现，UV、TiO_2单独存在时对它们都有降解效果，而当它们工艺联用时，降解率有较大提升，氟哌酸和庆大霉素的降解率分别为45%和98%，达到十分理想的处理效果；方一丰等利用臭氧氧化水体中的酮硝基麝香，结果表明pH为12，存在5mol/L的H_2O_2降解效果最佳，并且降解动力学符合一级降解动力学。

电化学氧化技术也是一种有效的污染物降解处理技术。电化学氧化方法采用具有电催化活性的阳极板，在一定条件下可以形成极强氧化性的羟基自由基（·OH），既能无选择性地将有机污染物降解掉，并转化为无毒或无二次污染的可生化降解物质，又可将之完全矿化为二氧化碳或碳酸盐等物质。近年来，该项技术正被尝试应用于含染料、皮革等废水的水处理，既能够弥补其他常规处理工艺的不足，又能与多种处理工艺联合，从而提高污水处理的效率，节约生产成本。毕强等利用电芬顿法处理兰炭废水的COD，结果表明，当空气流速为2.5L/min，电流密度为5.2mA/cm²，pH为3，极板间距为2cm时，COD最高去除率可达78.62%（240min之后），实现了对兰炭废水的预处理。

超临界水氧化法是利用处于超临界状态（温度高于374.15℃和压力大于 $22.5 \times 10^6 Pa$）时水的特性，此时的水具有强溶解力、高度选择性和可压缩等特性。在此条件下，有机污染物、O_2和H_2O可均相混合并发生氧化，在较短的时间内，大部分有机物能被迅速氧化成小分子物质或者可生化降解的物质。

7.1.4　TiO_2掺杂改性和制备方法

自 1972 年，Fujishima 等发表了关于在汞灯条件下（波长＜400nm），二氧化钛电极能使水在其表面发生电离并分解产生氢气和氧气的研究报道以来，半导体材料TiO_2光催化特性便逐渐成为一个备受关注的研究领域。同时，由于光催化剂光催化降解有毒及化学污染物不会产生二次污染，也无任何毒副作用，而且高效节能、经济，因而使用光催化剂对有机污染物进行降解便成为较常规生物化学方法而言的一种理想而有效的方法。

目前关于利用TiO_2对各种有机物的降解的报道已屡见不鲜，其中在大气污染治理、水体净化、污水降解方面已取得了长足的发展，但由于其本身具有可见光利用率低，产生的光生电子—空穴易重合等缺陷，限制了它的广泛应用，于是关于如何改善这两方面的缺陷的研究越来越引起人们的关注，人们通过掺杂和改进制备工艺等手段进行改性。

7.1.4.1　TiO_2光催化降解有机污染物的机理

一般TiO_2是具有 n 型半导体性质的多晶型的半导体化合物，它存在三种晶体结构，分别是金红石型（rutile）、板钛矿型（brookite）和锐钛矿型（anatase）。这三种晶型中，板钛矿型是一种亚稳定相，属于斜方晶系，性质很不稳定，在650℃时可转化为金红石型，因此其在自然界中较为稀少，无工业化应用；而金红石型二氧化钛（3.0eV）和锐钛矿型二氧化钛（3.2eV）同属于四方晶系，具有较高的催化活性。晶型结构以相互连接的 TiO_6 八面体来表示，可以通过八面体之间的相互连接和排列的方式是否相同来区别这两种晶型。金红石型由于原子排列致密，使其具有较强的光分散特性，鉴于此，在合适的条件下它可被广泛应用于白色颜料和涂料行业。另外，由于其能够屏蔽紫外线，故可以作为紫外线吸收剂，应用在功能性材料中，并且它的应用范围还在进一步扩张。而锐钛矿型TiO$_2$由于具有较好的光催化性能，其在环境保护、有机污染物去除方面显示了极大的应用前景。

图7-1为TiO$_2$的三种不同晶型，其中（b）的晶型最不稳定。（a）型和（c）型排列十分均匀，其中（c）型晶格之间有较大空间（缺陷），这种缺陷，使其具有较好的吸附能力，对光催化降解过程中，在材料表面的反应，起着十分积极的作用，同时其最外侧裸露的正四面体边缘的原子为O原子，在一定条件下，通过掺杂、取代以及不同的制备方法理论上可能改性其分子结构组成，从而使其材料的性能发生改变，这为光催化改性提供了方便。

另外，近年来研究人员还通过人工合成的方法制备出了α-PbO$_2$型二氧化钛〔二氧化钛（ii）〕和单斜二氧化钛（β-TiO$_2$），以及具有较好性能的晶面TiO$_2$材料。这些晶型其实是混合晶型，其在一定程度上性能变得多样化，但是制备流程复杂，晶型不易控制，同时制备的晶面产率不高，副产物较多，不利于工

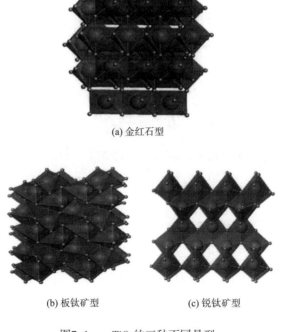

(a) 金红石型

(b) 板钛矿型　　　　　　　　(c) 锐钛矿型

图7-1　　TiO$_2$的三种不同晶型

业化生产，因此目前仍处于实验阶段。

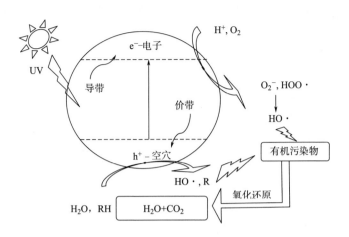

图7-2　TiO₂光催化降解机理图

二氧化钛的晶型结构及其光催化降解有机污染物的机理如图7-2所示，二氧化钛（锐钛矿型）属于半导体，它的带隙较宽为3.2eV，这种特性使其电子空穴分别具有更正或更负的电位，因而具有很高的氧化能力。目前市面上能买到较好性能的TiO₂材料是EVONIK–DEGUSSA生产的P25，其中锐钛矿相：金红石相约为4：3，比表面积为（50±15）m²/g。首先在光源的照射下，由于其光吸收带隙（E_g）阈值（—$_g$）满足E_g（eV）=1240/—$_g$（nm）方程式，当入射波长小于—$_g$（<385nm）时，处于价带的电子就会吸收能量跃迁到导带上，从而产生电子（e_{cb}^-）—空穴（h_{vb}^+）对，而该过程是可逆的，电子—空穴对能够重新复合并以热能的形式散发掉，该反应可用如下方程式表示：

$$TiO_2 \xrightarrow{h\upsilon} TiO_2（e_{cb}^- + h_{vb}^+）$$
$$e_{cb}^- + h_{vb}^+ \longrightarrow 热能 + 其他$$

产生的电子拥有较强的还原性，而产生的空穴具有较强的氧化性，光生空穴h_{vb}^+会与微粒表面吸附的H_2O或者OH^-反应，生成具有强氧化性的活性基团（·OH）；而光生电子将与表面吸附的H^+或O_2分子发生反应，生成超氧离子等活性物质。其反应方程式如下：

$$H_2O（OH^-）+ h^+ \longrightarrow \cdot OH$$

$$e^- + O_2 \longrightarrow \cdot O_2^- \longrightarrow HO_2 \cdot$$

$$\cdot O_2^- + H^+ \longrightarrow \cdot OOH + \cdot OH（HO_2 \cdot, \cdot OOH, h^+）+$$

$$R（有机物分子）\dashrightarrow CO_2 + H_2O$$

通过以上一系列反应，生成了氧化性很强的活泼自由基（·OH、HO₂·、·OOH），这些自由基可以无选择性地与吸附在二氧化钛表面的各种有机污染物分子进行作用，并能够氧化分解为H_2O、CO_2等小分子，进而达到去除污染物的目的。

7.1.4.2　TiO₂主要的掺杂改性类型

（1）离子掺杂

采用离子掺杂对TiO₂进行改性，是很多学者为提高TiO₂光催化性能常用的方法之一。一般可以分为金属离子和非金属离子掺杂两种。通过掺杂一方面可以改变离子TiO₂的能级结构，从而使其发生红移，减小带隙；另一方面，可以减小光生电子和空穴的复合速率，延长电子和空穴的寿命，继而提高其光催化效率。

金属掺杂主要包括稀土金属离子和过渡金属离子掺杂，Choi等做了多种金属离子对TiO₂掺杂改性的影响的实验，研究表明，掺杂适量的过渡金属可以使光催化剂发生红移，有效提高太阳光利用率。有研究表明，稀土金属离子La、Ce、Gd、Sm、Pr、Nd等被掺入TiO₂材料中时，也可有效拓宽TiO₂对光的响应范围。

将无机非金属元素掺入TiO₂晶体中，可使其提升对可见光响应能力和催化活性。这是由于钛原子与非金属晶格间的电子密度能够重叠，使TiO₂的带隙降低，从而使TiO₂的吸收波长发生红移，提高可见光响应范围。近年来，关于非金属元素掺杂到TiO₂中的报道已有很多，如2008年，顾德恩等对N、S、C、F等元素掺杂TiO₂的研究，研究表明，通过非金属元素掺杂，可以在一定程度上提升光催化活性。

（2）贵金属沉积

采用贵重金属沉积法掺杂改性的原理是，通过改变TiO_2系统中的电子分布来改变材料表面性质，从而提升二氧化钛光催化性能，其常用的方法是浸渍还原法和光还原法。其实质是处于激发态的TiO_2（产生电子—空穴对）的费米（Fermi）能级高于贵金属，因此，当两者相遇时，TiO_2产生的导带电子会转移贵金属粒子表面，使TiO_2表面的电荷减少，从而降低了电子—空穴的复合率，同时提高了光生电子的运行速率。文献中使用该法报道最多的是元素Pt，其次是Pd、Ag等。其中由于Ag的沉积改性效果较优，且比较而言Ag的成本较低，故它将成为未来贵金属沉积主要的改性选择对象。

贵金属沉积表面一般不是一层覆盖物，而是形成纳米级的原子簇，表面沉积率不能太高，过高的沉积率并不利于光催化降解反应。同时，这种改性方式使得光催化材料对机物具有选择性，如1993年，Mario Schiaveuo等在TiO_2表面上沉积0.5%Au+0.5%Pt（质量分数），分别降解水杨酸和乙醇，发现它们的降解速率不同，水杨酸的速率提升而乙醇的速率却低于TiO_2的降解速率。因此，沉积量的多少和处理对象的选择也是十分重要的。

（3）表面光敏化

表面光敏化是延长TiO_2响应波长范围的一种有效方法，也是提高光量子效率的主要研究内容之一。其主要原理是将有光活性的物质或有机染料通过吸附的方式吸附在TiO_2表面上，在可见光存在的条件下，这些燃料或者活性物质因具有较大的激发因子而成为吸附态的光活性分子吸收光源的能量，从而激发产生自由电子，这些电子将转移到二氧化钛的导带上，从而达到扩大TiO_2可见光响应范围的目的，使响应波长发生红移。2007年，吉仁用自制的纳米TiO_2负载Pt金属，并用酞菁染料敏化得到具有可见光催化性能的改性TiO_2，并成功地实现可见光分解水制氢。

然而，对TiO_2光敏化也存在一定的缺陷，如染料敏化剂与污染物之间存在吸附竞争而发生光降解，导致敏化剂不断降解、减少，为保持该材料的高催化活性，则必然需要添加更多敏化剂；再者相当多的敏化剂的吸收光谱范围较窄，其与太阳光谱不好匹配，正因这些缺陷，阻碍了光敏化二氧化钛催化剂在实际中的应用。

（4）半导体复合

提高改性TiO_2的电荷分离效果是半导体复合的目的，它能扩展TiO_2可见光响应，从而提高光催化效率。CdS、$CdSe$、WO_3、SiO_2等禁带宽度都相对较小，能在可见光下响应，太阳光利用率高，将TiO_2与其进行复合制备复合半导体，能使材料的可见光能力得到大幅度提升。TiO_2与具有较大孔结构和较高比表面积绝缘体复合，可使该系统吸附能力增强从而为TiO_2表面提供高浓度有机环境，增加活性基团和强氧化还原性物质与有机分子的碰撞概率，提高光催化效率。王知彩等利用沉淀浸渍法制备了WO_3与TiO_2半导体复合的光催化剂，并考察了该材料对亚甲基蓝的降解效果，结果显示，通过与WO_3的复合掺杂改性，明显提高了TiO_2的光催化活性。

7.1.4.3　TiO_2改性材料的主要制备方法及进展

TiO_2掺杂改性的优劣，与其制备方法紧密相关，制备方法不同，催化剂的外观、尺寸、结构也不相同，材料的催化特性也大不相同。其中的关键是所掺杂的物质是否能够改变TiO_2的内部结构，比如负载C，是否形成新的化学键等。制备方法主要分为三种：气相法、液相法和固相法。而这三种方法中常用的是气相沉淀法、溶胶—凝胶法和机械力学法。

（1）气相法

气相沉淀法是指通过各种手段使物质变成气体，使物质在气相条件下发生物理和化学变化，从而在冷凝沉淀过程中，通过一定条件控制晶粒成长从而达到纳米级别的粒子的一种方法。气相法又包括物理气相法和化学气相法。物理气相法，首先采用等离子、电弧和其他高温或者高频热源对原料进行加热，在这些热源的作用下使原料汽化成等离子，然后通过迅速降温的方式来凝结成纳米粒子，实验室常用的方法为空蒸发法；如王东亮等采用真空蒸发法制备纳米TiO_2，并通过降解苯酚来评价其光催化降解效果，结果表明，在铜板、不锈钢板、玻璃板上负载TiO_2薄膜，其在可见光下的降解效果优于市售TiO_2，催化活性由大到小的顺序为不锈钢＞玻璃板＞铜板。孙雪等利用丙烷/空气体系中丙烷不能充分燃烧的特征，制备了碳掺杂的TiO_2纳米颗粒，其颗粒平均尺寸在16～65nm之间，为混合晶型，以锐钛矿相为主；并用此种方法制备的材料处理甲醛，其降解率可达50%，当含碳量为5%时降解效果最好。

化学气相法主要是利用金属化合物蒸气，经过化学反应在一定条件下生成所需的物质，其方法主要包括燃烧法、氢氧火焰法和气相氧化法。因为气相法大部分是高温瞬时反应，因此在反应炉的建造、建筑材料性能以及炉子加热方式等方面都有很高的要求，这使其在工业应用方面受到一定的限制。

（2）液相法

文献记载，液相法是制备纳米材料最常采用的方法之一，该法是将金属盐类溶解形成离子或分子，并将它们均匀混合，然后采用适当的方法让金属离子沉积或析出，再通过脱水或者热分解得到样品。

溶胶—凝胶法（sol—gel）是属于液相法的一种，它是当前制备纳米二氧化钛材料的常用方法，使用该方法制备纳米二氧化钛时，主要以钛醇盐（如钛酸四丁酯）或钛无机盐（如四氯化钛）为钛源，在一定条件下（如冰浴、搅拌）并在络合剂的引发下发生水解、加成、聚合反应后得到溶胶，然后经过老化、干燥成为凝胶，最后经高温煅烧得到目标产物。Fernandes等以$Ti[O(CH_2)_3 CH_3]_4$为钛源，以醇和高氯酸作为碳源，运用sol—gel制备TiO_2/C复合材料，其创新方法为选择了不同的钛源和碳源，并且通过此法制备出的材料晶粒大小均匀，基本在30～50nm范围内。

sol—gel法能够制备掺杂多种无机物或有机物二氧化钛催化剂，用该法制备的材料具有粉末均匀、分散性好、纯度高等特性，同时，其制备工艺简单，反应易于控制，使其得到很大的发展。对该法需要改进的是如何降低原料成本，通过添加合适的助剂使其在高温焙烧时不发生团聚。

水解法也是一种常用的液相法，它一般使用四氯化钛无机盐或钛酸四丁酯作为原料，然后将选取的原料进行水解，经中和、洗涤、干燥、煅烧几个主要的步骤后，可制备出纳米TiO_2粉体。

（3）固相法

机械力学法是通过外力的方法使负载物质包覆在粉体上面，或掺杂到粉体内部，实现复合材料的制备。曹怀宝等用高性能球磨将$Fe(OH)_3$对TiO_2进行了改性处理，并用亚甲基蓝考察其光催化效果，结果表明，通过机械力的作用，TiO_2的光催化活性得到了较大的提高。尽管机械力学法具有生产设备简单、操作方便、方法较经济的优势，但此法所得产物粒径分布范围不均、纯度较低，因此大多使用在对产品纯度要求不高和粉体粒径要求较低的情况下使用。

7.1.5 环境中麝香类污染物降解处理的方法

随着合成麝香的广泛使用，它们通过生活污水和医院废水大量排放到环境中，其在环境中持久存在的现状已经引起人们的密切关注。关于如何有效降解环境中存在的合成麝香，已经成为学者研究的重点，除了常规的处理方法，近年来膜工艺联用法、高级氧化法中的光催化氧化法已经逐渐成为人们研究的热点。

7.1.5.1 常规降解处理法

针对麝香类有机污染物降解处理常用的方法，主要是污水处理厂和膜工艺处理法。2006年，Kupper, T等对污水处理过程中的多环麝香、紫外防晒剂和生物杀菌剂的移除和降解进行了研究，结果表明，经过处理后这些污染物的浓度明显下降，多环麝香的去除率为72%～86%，紫外防晒剂去除率为92%～99%，生物杀菌剂的去除率为37%～64%。在降解过程中主要是固体吸附和生化降解作用，而厌氧污泥处理法对多环麝香的处理也十分明显。2014年，Wijekoon、Kaushalya C等利用厌氧膜生物反应器来降解多环麝香，研究表明，厌氧膜生物反应器能够有效去除多环麝香化合物，并且在去除过程中，生物转化占主导地位。

7.1.5.2 臭氧氧化降解处理法

臭氧氧化是一种有效去除有机污染物的方法，它能够使有机污染物彻底降解，不产生二次污染物。2008年，Fengkai等利用臭氧氧化对酮麝香的降解过程进行了研究，研究显示，pH为碱性时利用降解反应的进行，当H_2O_2含量在2～5mol/L时对反应起到协同促进作用；而当H_2O_2含量超过5mol/L时，其抑制反应的进行。同时数据表明降解过程符合一级反应动力学。

7.1.5.3　光催化氧化降解处理法

2000年，Neamtu等通过汞灯照射来降解5种典型的麝香类有机污染物（温度恒定，H_2O_2含量不同），结果显示，其降解动力学符合一级动力学模型，在25℃H_2O_2含量为1.1746μmol/L时，西藏麝香和葵子麝香的反应速率分别为$0.3576 \times 10^{-3}s^{-1}$和$1.785 \times 10^{-3}s^{-1}$。

TiO_2作为光催化剂在有机污染物处理方面展现出很大的潜力，为此相关专家和学者对TiO_2在各个环境领域的降解处理效果进行了实验分析研究，对麝香类污染物的TiO_2光催化降解已有相关文献报道。

2000年，Calza等利用嵌套实验设计和退化机制采用TiO_2对HHCB和AHTN进行降解机理研究，结果表明，存在两种降解途径，一种是涉及羟基化，仅局限于苯并吡喃部分；另一种是不仅包含苯并吡喃部分，还包含苯环开裂部分；2012年，Santiago-Morales等采用O_3、O_3/H_2O_2，UV、O_3/UV、Xe、O_3/Xe和$O_2/Xe/$Ce-TiO_2、$O_3/Xe/$Ce-TiO_2不同方式对环境中的佳乐麝香和吐纳麝香的降解过程进行了研究，结果显示，在所有处理方法下，吐纳麝香比佳乐麝香更易去除；紫外照射能够去除90%的吐纳麝香，而对佳乐麝香，只能去除一半，在所有情况下$O_3/Xe/$Ce–TiO_2在可见光下的降解移除效果最好，在光照15min后降解率可达到75%，说明该复合方法具有较好的降解效果。2013年，Santiago-Morales等利用O_3、UV、可见光照射和可见光光催化（催化剂为Ce-TiO_2）四种方式对非极性污染物进行降解研究，结果显示，在臭氧浓度为209μmol/L时，它能去除95%的有机污染物，而Ce-TiO_2在可见光下能去除约70%的污染物，且其对合成麝香的去除十分明显，利用可见光催化可大幅改善可见光的利用效率，单位集热面积从（9.14±5.11）m²/m³（可见光照射下）减小到（0.16±0.03）m²/m³。

7.2　二氧化钛/碳复合气凝胶光催化降解酮麝香的机理研究

TiO$_2$（锐钛矿型）在紫外光照射下，会产生强氧化性的基团（主要是羟基自由基），它会无选择性地将吸附在材料表面的有机物氧化降解，在这个过程中，有机物将发生化学反应，由大分子分解为小分子，经过一系列反应，最终降解为无毒、无二次污染的物质。

本实验先吸附30min，之后光反应并间隔15min取样一次，一方面通过高效液相色谱进行检测，根据响应值依据方程（7-1）进行浓度换算，从而得出不同时间段溶液中的酮麝香的浓度变化值，并以时间为横坐标，浓度为纵坐标作图；再对曲线进行线性拟合，从而得出降解过程中的动力学方程。另一方面经过高效液相色谱—质谱仪联用和气相色谱仪—质谱仪进行检测，通过对不同时间段的图谱进行分析，确认降解过程中产生的某些中间产物，从而根据化学知识对酮麝香的降解机理进行一个假设的推断。

光催化降解过程是一个复杂的化学反应过程，为了能够较清晰地阐述TiO$_2$/C改性复合材料降解酮麝香的降解机理，从以下三个方面对其降解过程进行详细分析。

7.2.1　TiO$_2$/C复合气凝胶光催化降解酮麝香的动力学分析

大量研究文献表明，各种染料在TiO$_2$存在的情况下光催化氧化速率符合Langmuir-HinsHelwood（L-H）模型：

$$r = \frac{dC_t}{dt} = \frac{kKC_t}{1 + KC_t} \tag{7-1}$$

式中：C_t为t时刻反应物的浓度（mg/L）；r为反应速率［mg/（L·min）］；t为光催化降解时间（min）；K为朗格缪尔吸附常数（1/mg）；k为反应速率常数（min^{-1}）。

当溶液中反应物初始浓度C_0较小时，可以忽略KC_t（$KC_t \ll 1$），因此可以得到伪一级动力学方程：

$$-r = \frac{dC_t}{dt} = kKC_t = k_{app}C_t \qquad (7-2)$$

于是有方程：

$$\ln\left(\frac{C_0}{C_t}\right) = k_{app}t + \text{constant} \qquad (7-3)$$

于是以t—$\ln\left(\dfrac{C_0}{C_t}\right)$分别为横纵坐标进行线性拟合。酮麝香的光催化降解动力学如图7-3所示，此图是在酮麝香溶液浓度为1mg/L，TiO$_2$/C添加量为10mg，不同pH下进行拟合的方程。

在完成线性拟合时，曲线的斜率就代表反应速率常数；一级反应动力学的半衰期计算公式为：

$$t_{\frac{1}{2}} = \frac{\ln 2}{k} \qquad (7-4)$$

式中：k为反应速率常数（min^{-1}），表7-2为在不同pH下进行线性拟合方程的速率常数和相应的半衰期。

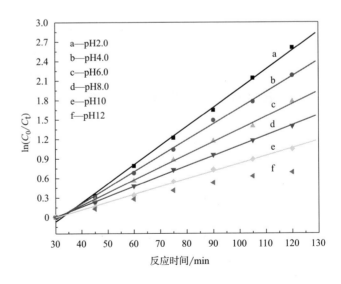

图7-3　在不同pH下 ln（C_0/C_t）对时间拟合趋势图

表7-2　在不同pH下线性拟合方程的速率常数和相应的半衰期

pH	速率常数/min^{-1}	半衰期/min
2.0	0.0291	23.65
4.0	0.0245	28.29
6.0	0.0195	35.46
8.0	0.0157	44.12
10	0.0119	58.25

综上所述，酮麝香在光催化条件下降解速率符合一级动力学方程，它们的线性相关系数都在0.999以上，故数据真实可靠；从表7-2可以看出，当pH为2.0时反应速率常速最大，半衰期最小，降解效果最好。

7.2.2　TiO$_2$/C复合气凝胶光催化降解酮麝香的中间产物分析

在可见光催化下降解酮麝香的过程较为复杂，其降解过程中，必然有新的物质或者小分子物质产生，本章通过各种手段对中间降解产物进行表征分析，图7-4为在不同时间段，高效液相色谱图的峰形变化曲线图。

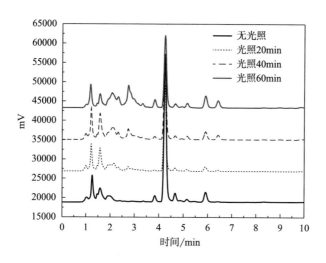

图7-4　不同降解时间下酮麝香的液相色谱图

从图7-4中可以看出，随着降解时间的延长，保留时间为4.35min的酮麝香的峰面积不断减小，说明其在溶液中的含量减少，而图中出现了几处原来没有的峰形，a、b、d三种物质，从无到有，含量逐渐增大，随着降解时间的延长，最终全部降解；c物质出现较晚，可能是中间产物发生的次降解，并最终也降解完全。通过文献查阅，本书可以大致推测其中含有苯甲酸、乳酸、乙酸和一些不饱和脂肪酸等小分子物质。

图7-5为通过GC—MS，并通过其自带的数据库，比对出相似度最高的几种产物，分列如下：

图7-5中（c）为酮麝香的MS图。根据安捷伦GC—MS数据库NIST所示，溶液中所含的这几种物质（a）（b）（c）同标准物质匹配度分别为90、82、73，结合含苯环有机物发生开环反应进行推断，这三种物质完全符合降解过程。这三种物质详细的信息见表7-3。

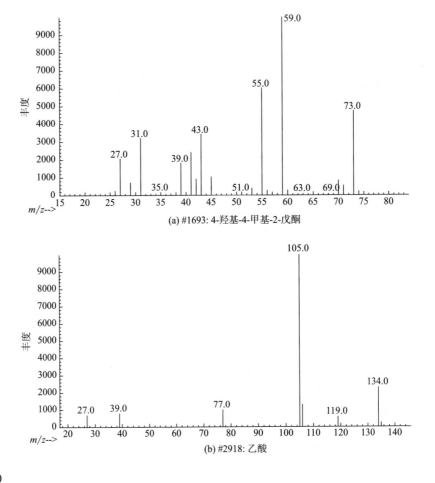

(a) #1693: 4-羟基-4-甲基-2-戊酮

(b) #2918: 乙酸

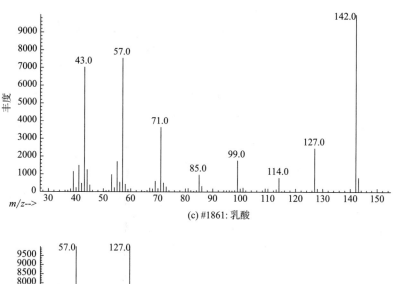

(c) #1861: 乳酸

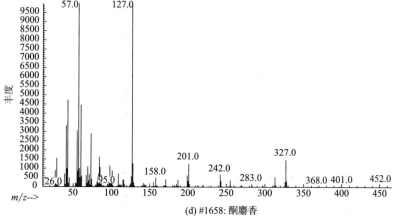

(d) #1658: 酮麝香

图7-5 通过GC—MS数据库（NIST）所得出的几种高匹配度的物质

表7-3 三种中间降解产物的相关信息

名称	分子式	CAS号	结构式
4-羟基-4-甲基-2-戊酮	$C_6H_{12}O_2$	123-42-2	HO╱╲╱O（i）
乳酸/α-羟基丙酸	$C_3H_6O_3$	50-21-5	HO╱OH（ii）
乙酸	$C_2H_4O_2$	64-19-7	OH（iii）

7.2.3　TiO₂/C复合气凝胶光催化降解酮麝香可能的降解途径分析

酮硝基麝香结构中含有两个取代硝基基团，其相对比较稳定，而其邻位的甲基可看作供电子基团，能满足硝基对电子的需求。在有n型半导体存在的光反应条件下，会产生活性较强的羟基自由基（·OH），它可以攻击邻位甲基上的氢，生成芳香醇和芳香羧酸，随后随着羟基自由基的继续攻击，苯环将会发生开环反应，紧接着硝基也从碳链上脱落下来，被氧化成硝酸根离子，其他长链物质也会被逐渐氧化，从而达到完全降解的要求。硝基从苯环上脱落，能够降低其对环境的毒性。因此根据理论可推知其可能发生如下反应进而生成以下几种物质，见表7-4。

表7-4　酮麝香降解时可能形成的中间产物

化合物	t_{RIT}/min	离子（m/z）	结构式
MK	8.51	294	
4-叔丁基-2，6-二甲基-3，5-二硝基苯甲酸（i）	9.26	296	
4-叔丁基-2，6-二亚甲基羟基-3，5-二硝基苯乙酮（ii）	5.35	326	
4-n-丁醇-2，6-二甲基-3，5-二硝基苯乙酮（iii）	7.15	310	

通过中间降解产物分析和酮麝香分子结构分析，可以对酮麝香光催化降解机理做如下假设（图7-6）。

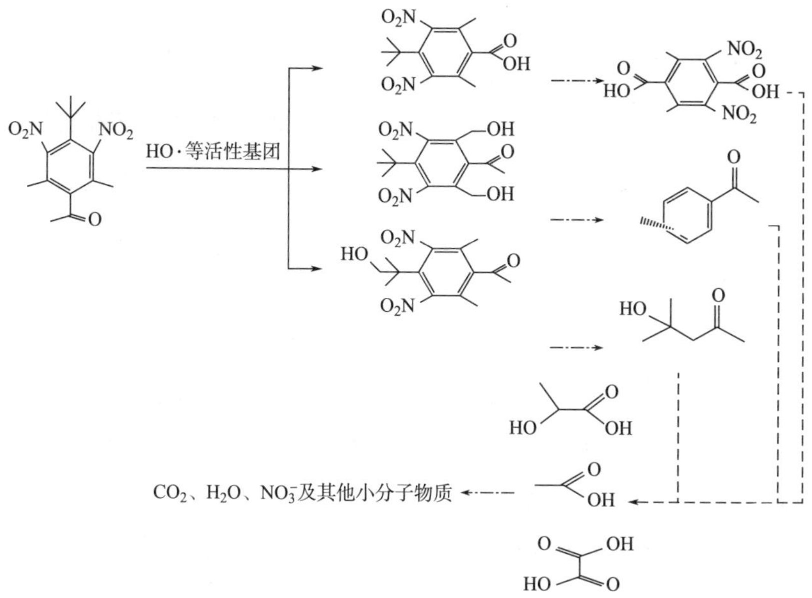

图7-6 一种可能的酮麝香降解机理图

7.3 二氧化钛/碳复合气凝胶光催化降解酮麝香的影响因素分析

根据文献调研，TiO_2/C作为光催化剂降解有机污染物时需要考虑以下几个因素的影响：不同照射光源、光照强度、光照时间、催化剂用量、pH、底物浓度、双氧水用量等方面的影响。为了全面表述各因素对实验操作条件的影响，采用单因素控制变量法进行分析实验分析。

在实验操作前，采用内标法进行标准曲线制备，配制酮麝香标准品，浓度分别为0.1mg/L、0.2mg/L、0.4mg/L、0.6mg/L、0.8mg/L、1.0mg/L，超声过滤后进入高效液相色谱进行检测，以酮麝香浓度为横坐标，以光谱响应值为纵坐标作图（图7-7）。

此标准曲线符合方程：

$$y=8997.3x-775.92，R^2=0.9993 \quad\quad（7-5）$$

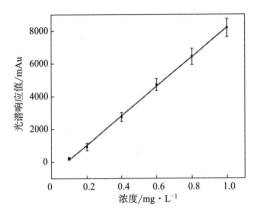

图7-7 酮麝香的标准曲线

7.3.1 照射光源

光源对光催化反应的好坏起着至关重要的作用，为了查看TiO$_2$/C改性复合材料发生红移的程度，分别选用1000W汞灯（紫外光）和1000W氙灯（可见光）为光源进行光催化降解。催化剂投加量10mg，底物浓度1mg/L，降解时间120min。以时间为横坐标，酮麝香浓度变化为纵坐标进行作图，如图7-8所示。

如图7-8所示，在吸附过程中，TiO$_2$/C复合材料的吸附性能优于P25，这是由于TiO$_2$/C材料的掺杂改性使材料表面呈现许多均匀分布的大孔和微孔，从而提升了材料表面的吸附性能；在可见光下，TiO$_2$/C的降解速率较快，在120min后最终降解率可达91%，而P25对照实验的降解率不足10%，这说明TiO$_2$/C材料在可见光下能够响应，它的带隙变窄，响应波长发生了红移，从而提高了其光降解效率；在紫外光下，TiO$_2$/C和P25的降解效果都可以，其中P25的降解速率更快，120min时的降解率可达95%，而TiO$_2$/C的降解率为92%；TiO$_2$/C在不同光源下的最终降解率相差不大，但紫外光下降解率稍高于可见光下，说明材料本身锐钛矿型晶体占比较多；P25在不同光源下可以明显发现，其在可见光下几乎不发生任何反应。

综上所述，不同光源对光催化剂的影响截然不同，对P25在可见光下没有光催化作用，在紫外光下

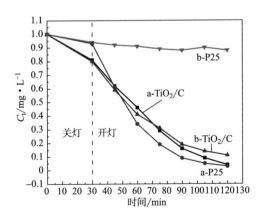

图7-8 不同光源照射下酮麝香随时间的浓度变化图

a—汞灯 b—氙灯

降解效果较好；对TiO₂改性复合材料，在可见光下和紫外光下都有较好的降解效果，尽管在紫外光下其降解效果稍优于可见光下的降解效果，但考虑到成本效应，本实验最终确定以可见光作为光降解光源（除特殊说明外）。

7.3.2 光照强度及光照时间

不同光照强度影响的实验如下，取处理对象：酮麝香浓度为1mg/L，将20mgTiO₂/C加入50mL反应试管中，调节氙灯光源的功率分别为300W、500W、800W、1000W，进行光催化降解。以反应时间为横坐标，目标物浓度为纵坐标作图7-9（a）；不同光照时间影响的实验如下：在不同时间段取样检测目标物的浓度，以t—C_t为横纵坐标作图7-9（b）。

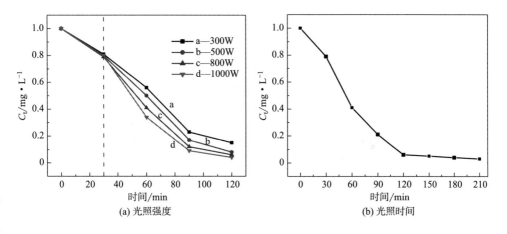

(a) 光照强度　　　　　　　(b) 光照时间

图7-9　光照强度和光照时间对降解效果的影响

从图7-9（a）中可以发现，随着光源功率由300W增大到1000W的过程中，目标污染物在溶液中的最终浓度也越来越低，光照功率越大，降解速率越快，1000W时其浓度降到0.01mg/L以下。这是因为入射光能量的高低，会对光生电子速率产生影响，当光照强度增加时，TiO₂/C光催化剂所能接受到的能量也有所增加，从而使催化剂产生更多的电子—空穴对，其向TiO₂/C表面迁移的有效电子—空穴对数量就会增加，也就会产生更多的活性基团，这样它与吸附在材料表面的有机污染物分子接触碰撞的概率就大幅增加，从而提高了光催化降解速率。但是当光照功率从800W增加到1000W时，其降解率只提高了2个百分点，提升幅度很小，这可能是由于对于一定量的样品，其所能吸收的能量有限，当入射能量超过所需能量时，即使再增大光照强度，其增加幅度也没有太大的提高。因此在实验条件下，考虑到能源成本，本实验所有的光照都在800W左右进行光催化降解。

从图7-9（b）中可以发现，随着降解时间的延长，其降解效果越好，当降解时间为210min时，目标污染物几乎100%降解完全矿化。还可以看出，当光照打开时，降解速率达到最大，一直到90min时降解速率还很快，随后开始慢了下来，从120min到210min的过程中，降解率由94%提高到100%。这是因为在吸附过程中，TiO$_2$/C表面已经充分吸附了一定量的酮麝香分子，当光源打开时，产生的羟基自由基将会迅速与其发生氧化还原反应，这时降解速率最快；到90min时，溶液中的有机物分子含量大幅降低，材料对有机物分子的吸附变得困难，产生的表面活性基团由于不能及时与溶液中的有机物分子接触反应，从而很快消失，反应速率降低；从90min到210min，材料仍不断地吸附有机物分子，尽管反应速率很低，但是总的降解率随之慢慢提高。综上所述，考虑到实验的可操作性，本书所做实验全部采用120min的降解处理时间。

7.3.3 催化剂用量

纳米TiO$_2$/C 光催化降解的初始速率在一定范围内与催化剂质量成正比，但当TiO$_2$/C催化剂质量高于某一临界值时，其反应速率接近平衡，而不再随质量的变化而变化。本实验为考察催化剂用量对光催化性能的影响，向装有50mL、1mg/L的酮麝香溶液的反应试管中分别加入2.5mg、5mg、7.5mg、10mg、12.5mgTiO$_2$/C催化剂，并以P25为对比，其中P25样品量为10mg。操作条件吸附30min，光照15min取样一次，过滤进高校液相进行检测，pH为2.0，氙灯（800W）。图7-10为以时间为横坐标，降解率为纵坐标作图。

表7-5为不同催化剂添加量对催化效果的影响。

表7-5　不同催化剂添加量对催化效果的影响

时间/min	TiO$_2$/C/mg·L^{-1}					
	50	100	150	200	250	P25
0	0	0	0	0	0	0
30	28	32	35	37	12	42
45	46	53	50	54	13	58
60	57	61	64	70	14	72
75	68	69	74	79	12	85
90	74	76	81	87	15	91
105	81	83	85	91	11	95
120	83	88	91	94	10	97

如图7-10所示，随着催化剂用量的增加，光催化降解效率提高，在TiO$_2$/C催化剂浓度为250mg/L，120min时达到最大降解速率98%。这个十分明显，一方面，在吸附阶段，当TiO$_2$/C的含量增加时，则其对酮麝香的吸附量也增加，而光催化反应多在催化剂表面进行反应，因此吸附量增加则降解速率加快；另一方面，在光反应阶段，相

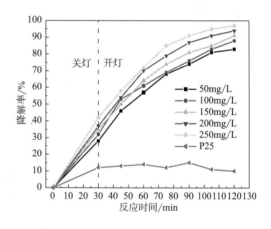

图7-10　不同投加量对降解率的影响

同光照功率下TiO$_2$/C改性复合材料能够接收的能量越高，则产生的活性自由基（·OH）越多，从而降解效率也越高。对照实验基本无降解反应发生。

由图可知，TiO$_2$/C浓度为150mg/L、200mg/L、250mg/L时，其降解率一直在提高，但提高的有限，提高3%～6%，之后基本保持平衡，不再提高。这主要是由于溶液中可自由活动的有机污染物分子有限，再者有限的污染物分子不能很快被吸附，即使被吸附，由于光源能量一定，TiO$_2$/C可见光响应区分布不均，也不能保证被吸附的表面刚好有活性基团，故需要较长的时间才能降解完

全。考虑本实验，以及后续的回收利用率试验，选择添加的样品量为10mg，即200mg/L。

7.3.4 溶液起始pH值

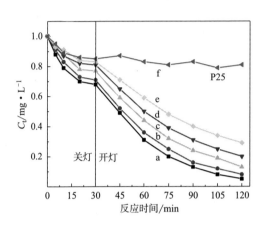

图7-11 不同初始pH下酮麝香随时间的浓度变化

a—pH=2.0 b—pH=4.0 c—pH=6.0 d—pH=8.0
e—pH=10 f—pH=12

取50mL酮麝香质量浓度为1mg/L的模拟废水，利用盐酸和氢氧化钠调节pH分别为2.0、4.0、6.0、8.0、10.0、12.0，加入10mg TiO$_2$/C光催化剂，置于800W氙灯下处理，先吸附半小时取样一次，之后开灯，每15min取样一次，催化剂用量10mg。以降解时间为横坐标，C_t为纵坐标作图7-11。

不同pH下浓度随降解时间的变化见表7-6。

表7-6 不同pH下浓度随降解时间的变化

时间/min	pH						
	2.0	4.0	6.0	8.0	10.0	12.0	P25
0	1	1	1	1	1	1	1
5	0.88	0.91	0.93	0.93	0.93	0.96	0.95
10	0.79	0.83	0.88	0.87	0.91	0.94	0.89
20	0.7	0.73	0.78	0.82	0.84	0.91	0.86
30	0.68	0.71	0.77	0.81	0.83	0.9	0.85
45	0.49	0.52	0.59	0.65	0.71	0.79	0.87
60	0.31	0.36	0.44	0.5	0.59	0.68	0.83
75	0.2	0.25	0.32	0.39	0.48	0.6	0.81
90	0.13	0.16	0.24	0.31	0.4	0.53	0.83
105	0.08	0.12	0.19	0.25	0.34	0.48	0.79
120	0.05	0.08	0.13	0.2	0.29	0.45	0.81

研究表明，有机物光催化降解反应对温度敏感性较低，表面电荷和能带位置与溶液初始pH大小密切相关。从图7-11可以看出，当pH从2.0增大到12.0时，在120min的降解时间内酮麝香的浓度从1mg/L降解到0.02mg/L。在吸附阶段，TiO_2/C改性复合材料的吸附量也随着pH的增大而减少，由32.5%（pH 2.0）减小到10%（pH 12.0），对照组P25在不同的pH，可见光下基本没有降解发生。

关于pH对TiO_2在光催化反应中是如何起作用的已有大量文献报道，但是不同的研究人员有不同的看法，其中占主导地位的说法是，由于存在以下酸碱方程，pH的变化会导致材料表面的电荷发生变化。

$$Ti—OH + H^+ \Longequal Ti—OH_2^+ \qquad pK_{a_1}$$
$$Ti—OH + OH^- \Longequal Ti—O^- + H_2O \quad pK_{a_2}$$

这表明，TiO_2/C基团表面将在酸性条件下呈现电正性，在碱性条件下呈现电负性，这一点也可以从图中得到验证，在吸附时，吸附量越多那么它的降解效果越好，这主要是因为酮麝香具有较强的亲脂憎水性。因此，图中的现象我们可以用上面的反应式解释。在酸性条件下，TiO_2/C基团将带正电荷，而酮麝香基团显示负电荷（—NO_2），于是TiO_2/C将吸附更多的酮麝香分子在其表面，这种良性的互动将增大其与新生羟基自由基碰撞的概率，从而提高光催化降解效率；相反，当pH大于7即溶液呈碱性时，TiO_2/C活性基团呈负电性，其将与酮麝香基团产生相斥反应，从而阻碍其与羟基自由基相遇的机会，进而降低了光催化效率，并且随着碱性的增强其阻碍效果越明显。因此，实验选择溶液的初始pH为2.0作为降解条件。

7.3.5　酮麝香的初始浓度

有机物降解过程中其浓度的高低，决定了该目标物能否被完全除去。本章分别配制1.0mg/L、2.0mg/L、4.0mg/L、6.0mg/L、8.0mg/L、10.0mg/L的酮麝香溶液50mL，向其中加入TiO_2/C 10mg，吸附30min，取样一次，以反应时间为横坐标、降解率为纵坐标作图，如图7-12所示。

不同底物浓度随时间延长其降解率的变化见表7-7。

表7-7 不同底物浓度随时间延长其降解率的变化

时间/min	浓度/mg·L⁻¹					
	1.0	2.0	4.0	6.0	8.0	10.0
0	0	0	0	0	0	0
30.00	22.00	13.50	8.75	10.17	7.38	6.70
60.00	49.00	49.00	23.75	31.83	23.63	15.40
90.00	79.00	65.50	39.25	46.50	35.88	37.90
120.00	96.00	79.00	69.50	60.83	49.63	40.40

从图7-12中可以看出，在TiO$_2$/C量固定和其他操作条件一定时，光催化降解效率随酮麝香浓度的升高而降低，由1mg/L时的96%降到10mg/L时的不足40%，目标污染物浓度越高，其降解难度越大。发生这种现象的原因可能有两方面：一方面，针对固定量的TiO$_2$/C，在单位光照时间和强度内，其所产生的电子—空穴对的量是一定的，产生的强氧化性活性基团（·OH）的含量也是一定的，因此其在单位时间内能与表面吸附的酮麝香分子反应的量是固定的，故在增大酮麝香含量时，其降解效率降低；另一方面可能是由于当溶液中存在较多的酮麝香分子时，它们的不规则运动将会阻碍光线到达TiO$_2$/C表面，进而减少污染物分子与活性基团接触的概率，使光催化降解效率降低。

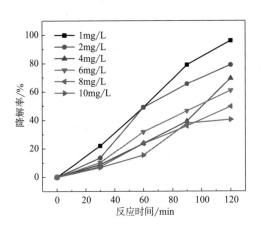

图7-12 不同酮麝香浓度对光催化效果的影响

综上所述，高浓度废水不易处理，加之在环境中，麝香类化合物浓度一般较低（100μg/L以下），为了对中间产物进行研究，所以研究较低浓度的酮麝香更具有实际意义，因此本实验选择酮麝香的处理浓度为1mg/L。

7.3.6　溶液中H_2O_2的含量

取5mL不同浓度的H_2O_2（0～10mmo/L），分别加入50mL浓度为1mg/L的酮麝香溶液中，再加入10mg TiO_2/C在可见光下进行反应，以$t—C_t$作图7-13。

表7-8为不同H_2O_2含量变化引起浓度的变化。

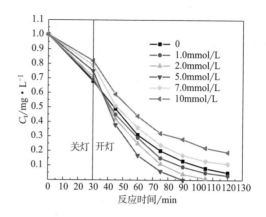

图7-13　不同H_2O_2添加量对光催化降解效果的影响

表7-8　不同H_2O_2含量变化引起浓度的变化

时间/min	H_2O_2/mmol·L^{-1}					
	0	1	2	5	7	10
0	1	1	1	1	1	1
30	0.68	0.69	0.71	0.75	0.79	0.82
45	0.49	0.45	0.42	0.38	0.51	0.59
60	0.31	0.29	0.25	0.17	0.36	0.44
75	0.2	0.15	0.11	0.06	0.24	0.32
90	0.13	0.09	0.04	0	0.17	0.28
105	0.08	0.05	0.01	0	0.13	0.22
120	0.05	0.03	0	0	0.11	0.19

从图7-13中可以明显发现，当H_2O_2添加量小于5.0mmol/L时，它的光催化降解效率高于不加H_2O_2的反应试管，同时能够明显缩短光催化降解时间。投加量从2.0mmol/L增大到5.0mmol/L的H_2O_2时，浓度由0.06%（105min）增大到0.012%（90min）。随着投加量的增加，当投加量大于5mmol/L时，其光催化降解速率变慢，并且降解速率也随之下降，120min时，浓度分别为0.13%（7.0mmol/L）和0.35%（10.0mmol/L）。

产生这种现象可由以下分析进行解释，根据文献，当入射光照射水体时会产生水合氢离子和氢离子，它们在一定条件下可形成过氧化物前驱体（$O_2^-\cdot$和$HO_2\cdot$），随后可能会产生过氧化氢。另外，光照射下的有机物基团光致化学分解也能够产生H_2O_2，其反应方程如下：

$$O_2^-\cdot + H^+ \longrightarrow HO_2\cdot$$

$$HO_2\cdot + HO_2\cdot \longrightarrow H_2O_2 + O_2$$

$$底物 + h\nu \longrightarrow H_2O_2 + 产物$$

另外，H_2O_2也能够通过直接光降解或者与其他中间产物发生反应而被消耗掉，从而产生强氧化性的羟基自由基，对光催化反应起协同促进作用，其反应步骤如下：

$$H_2O_2 + HO_2\cdot \longrightarrow \cdot OH + H_2O + O_2$$

$$H_2O_2 + O_2^-\cdot \longrightarrow \cdot OH + OH^- + O_2$$

$$H_2O_2 + h\nu \longrightarrow 2\cdot OH$$

然而，当H_2O_2的浓度达到一定值后，再增加其浓度，不仅不能促进光催化反应的进行，反而成为羟基自由基的清除剂，其反应流程如下：

$$H_2O_2 + \cdot OH \longrightarrow HO_2\cdot + H_2O$$

$$HO_2^- + \cdot OH \longrightarrow HO^- + HO_2\cdot$$

由此看来，在光照条件下，TiO_2/C在适量的H_2O_2存在下，H_2O_2能够对降解过程起到协同促进作用，图7-9中当H_2O_2的含量小于5mmol/L时，降解效率大幅提高；当其含量大于5mmol/L时，这时候H_2O_2变成羟基自由基的清除剂，一方面存在上述反应，另一方面，过量的H_2O_2将会和酮麝香分子在催化剂表面产生竞争吸附，从而减少了活性基团和污染物分子碰撞的概率。

7.3.7 加入活性基团捕获剂

在光催化降解过程中，强氧化性自由基是主要的作用基团，它的多少对降解效果的好坏起着至关重要的作用。本研究选择羟基自由基的清除剂对光催化降解酮麝香的过程进行降解，分别以P25和不加异丙醇的TiO_2/C做对照实验，在光降解开始时，加入定量的异丙醇，对照组加入等量的纯水，其余操作条件同上，以降解时间为横坐标，酮麝香浓度为纵坐标作图，如图7-14所示。

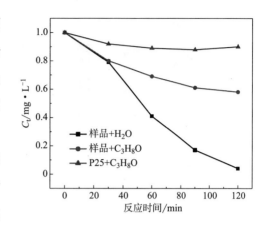

从图7-14中可以看出，是否加异丙醇对P25降解效果影响不大；对TiO$_2$/C来说，加了一定量的异丙醇比不加异丙醇的降解率低，这说明在光催化过程中，羟基自由基的确参与了降解反应，

图7-14　加入自由基捕获剂对光催化降解效果影响

但加过异丙醇的溶液在120min的降解率为60%左右，并没有不降解，这可能是由于在降解反应过程中，不单存在羟基自由基，还有其他基团参与反应，例如，超氧离子、空穴等。

7.3.8　H$_2$O$_2$的投加时间

为了全面考察H$_2$O$_2$对光催化性能的影响，特用实验展示不同投加时间其对光催化降解率的影响。取50mL酮麝香浓度为1mg/L的反应试管8只，分别在吸附开始时加入10mgTiO$_2$/C。分别在实验开始前（0），吸附开始15min后（15min），光反应开始吸附结束（30min），光反应15min后（45min），加入5mL，5mmol/L的H$_2$O$_2$，对照组加入5mL的去离子水。反应120min后取样检测，并以投加时间—降解率进行作图。

从图7-15中可以看出，加了H$_2$O$_2$的光催化效率高于未加H$_2$O$_2$的对比组，而且对照组在整个过程中降解率基本保持不变；而加了H$_2$O$_2$的实验组，随着投加时间的延长，其降解效率先增大后减小，由96.3%（0）增大到99.3%（30min），然后降到97.2%（45min）。从以上可以看出，不同的投加时间对光催化降解效率有一定的影响，并且存在一个最合适的投加时间，就是在吸附结束，光反应开始时。

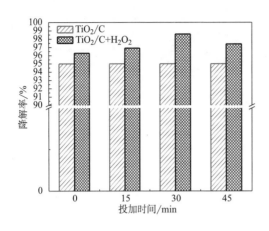

图7-15　不同投加时间降解率变化情况

加了H_2O_2催化效率较高，在7.4.6中已经做出解释。H_2O_2在光照的条件下，能够生成羟基自由基，而羟基自由的寿命较短，在有效的时间内如果不能同污染物分子进行反应，那么它将失去活性，这是为什么在光照后加入H_2O_2时催化效率低于30min时加入的原因。当加入H_2O_2时，一部分H_2O_2会被光催化剂吸附到表面，同污染物分子产生竞争吸附，从而减少了羟基自由基与污染物分子碰撞的概率，这是为什么在打开光源之前加入H_2O_2时催化效率不是最佳的原因。

7.4　光催化剂的回收和利用

在化学工业的发展历程中，催化剂具有不可或缺的作用，当前百分之九十以上的化工工艺需要使用催化剂，催化剂俨然已经成为化工技术的核心，在化工工业中占据非常重要的地位，对催化剂的回收利用技术国外早有发展，而我国起步较晚。在对光催化剂回收利用的研究方面，尚处于摸索实验阶段。

本节利用常规的实验室回收方法，对材料的重复利用率问题进行研究，具体操作步骤如下。

7.4.1　光催化剂回收实验设计

7.4.1.1　不活化法进行重复利用

采用8组平行试验，在相同条件下降解1mg/L的酮麝香溶液，降解时间均为120min，只取最终降解时间的TiO_2/C检测，计算平均降解率。平均降解率计算公式为：

$$\bar{Y} = \frac{\sum(Y_1+Y_n)}{n}$$

（7-6）

式中：Y_1和Y_n分别为第一组和第n组所测的降解率；n为平行试验组数。

之后，将剩余混合溶液进行过滤处理，使用325目的滤纸过滤两遍，将所得固体粉末置于干燥箱内，120℃烘12h，之后取出将它们混合并研磨均匀。按照同第一组的操作条件进行操作，只是平衡试验组数要根据所得TiO$_2$/C总量进行均匀分配，重复操作8次，并以操作次数-平均降解率为横纵坐标作图。

7.4.1.2　活化法进行重复利用

其基本操作流程大致同7.4.1.1，区别在于烘箱烘干TiO$_2$/C之后，将其放入竖式炉中进行800℃的高温焙烧，冷却后充分研磨，进行重复实验操作。

7.4.2　重复利用率分析

图7-16为随着重复利用次数的增加，酮麝香光催化降解率变化趋势图。

由图7-16可知，在未活化时，随着重复利用的次数增加，TiO$_2$/C的光催化降解速率逐渐降低，在第八次重复利用时，降解率为82.1%；通过活化后的TiO$_2$/C，在重复利用时的降解率也随着重复次数的增加而降低，但是其一直有90%以上的降解效率。

未活化的重复利用说明，制备的改性复合材料具有较强的稳定性，可回收利用率较高，其催化活性的降低可能是由于材料内部结构中混入了污染物质，导致其可见光响应区域变小；活化后的重复利用，说明材料的性质相对稳定，在高温处理后，混入的少量有机污染物被碳化，将材料的吸附位点又空置出

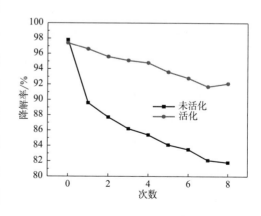

图7-16　不同降解次数下的降解率变化

来，从而其重复利用时催化效果基本保持不变。

7.5 小结

本章对酮麝香在光催化下的降解过程做了相关研究，实验过程中，所用催化剂为第3章中制备的TiO$_2$/C改性复合材料。分别对降解过程中的光源、光照强度、光照时间、pH、催化剂投加量、酮麝香浓度，并探讨H$_2$O$_2$投加时间的影响进行了分析；并第一次对H$_2$O$_2$投加时间的问题进行了实验分析；对光反应过程中反应的动力学进行了研究；对反应过程中的中间产物进行了分析确定；对酮麝香光催化降解机理也进行了分析，同时提出了一种可能的催化降解途径，具体内容如下。

①通过对氙灯光源和汞灯光源进行实验分析，发现尽管氙灯下酮麝香的光降解效果略低于汞灯下的效果，但是其降解率相差不大，故选用氙灯作为实验光源。

②对光照强度和光照时间进行了实验，随着光照强度的增强和时间的延长，光催化降解效率越高，通过对实验可操作性和成本效应进行综合分析，本实验选择光源为800W的氙灯，选择常规处理时间为120min。

③对催化剂用量和溶液的pH进行综合考虑，实验表明，催化剂用量存在一个最佳的用量，低于或高于此用量时，都会影响光催化效果，实验确定的最佳催化剂用量为10mg（加入50mL模拟废水溶液中）；对pH，随着pH的增大，降解效率呈现下降趋势，当pH为碱性时，降解效果急剧下降，这说明酸性的环境下利于酮麝香光催化的降解过程。

④酮麝香初始浓度的研究表明，相同条件下浓度越高，降解速率越慢，所需的降解时间也越长，结合酮麝香实际废水的污染现状，本研究选择酮麝香的处理浓度为1mg/L。

⑤H$_2$O$_2$对光催化反应的降解过程产生重大的影响，本研究表明，一定量的

H_2O_2含量有利于光反应的进行，但超过某一固定量时，H_2O_2将成为羟基自由的清除剂，从而阻碍光反应的进行。另外，通过分析不同投加时间对光催化的影响表明，在吸附结束光反应开始时加入适量的H_2O_2是最利于光反应进行的。

⑥催化剂重复利用率实验表明，复合改性材料具有较好的回收利用效果，材料的性质十分稳定，活化后的TiO_2/C效果更佳。

⑦动力学分析实验表明，酮麝香光催化反应过程基本符合伪一级动力学方程，其在pH为2时的降解速率为0.0291min^{-1}；通过液质联用和气质联用检测表明，光催化降解过程中有多种中间降解产物，其中乳酸、乙酸、乙二酸等是最常见的中间产物；通过对中间产物的分析和对酮麝香分子结构的分析，本研究提出了酮麝香在光催化过程中可能的一种降解途径。

第8章　基于支持向量机的二氧化钛/碳复合气凝胶光催化性能预报

8.1　支持向量机的原理

数据挖掘技术是信息科学领域中的一个热点，综合运用多种算法对从多种渠道采集的数据进行计算机处理，通过对数据的筛选和信息加工，抽提有用信息，发现未知规律。数据挖掘技术要求要以人为主体，通过多种计算方法加以实现，目前主要有回归（regression）、模式识别（pattern recognition）、人工神经网络（artificial neural network）、支持向量机（SVM）等方法，其中支持向量机方法是比较新的一种统计建模算法。

本书分别从不同钛源前驱体种类、不同钛源前驱体含量、不同络合剂含量、不同稀土元素Ce的掺量等几个维度设计实验配方，考察了不同样品在紫外光照射下对亚甲基蓝的光催化降解率。本书亚甲基蓝浓度为20mg/L，样品在亚甲基蓝溶液中的浓度为1g/L，在紫外光照前，先进行30min的暗反应以达到吸附平衡，然后开启高压汞灯，汞灯功率选择500W，每隔15min取样。经过滤器过滤后采用分光光度计测试清液的吸光度值，因亚甲基蓝的吸光度值与浓度之间呈正比例关系，因此用吸光度值的变化得到样品对亚甲基蓝的光催化降解率，本章采集紫外光照90min后的降解率作为目标值制作样本数据来进行数据处理。

一般来说，实验设计方案是典型的小样本集的数据处理问题，传统的模式识别和人工神经网络容易产生"欠拟合"和"过拟合"问题，特别是"过拟合"问题,在变量较多而样本数较少的情况下尤其严重。由此建立的模型在预报过程中很有可能出现失误。为此,以数学家万普尼克(Vapnik)为代表的学派提出了包括分类(classification)和回归(regression)的支持向量机算法(support vector machine,SVM)。该算法特别适合于小样本集的数据处理,既能处理非线性数据,又能限制过拟合,往往比传统的模式识别和人工神经网络具有更高的预报能力。

SVR算法的基础主要是ε不敏感函数(ε-insensive function)和核函数算法。若将拟合的数学模型表达为多维空间的某一曲线,则根据ε不敏感函数所得的结果就是包络该曲线和训练点的"ε管道"。在所有样本点中,只有分布在"管壁"上的那一部分样本点决定管道的位置。这一部分训练样本称为"支持向量"(support vectors)。为适应训练样本集的非线性,传统的拟合方法通常是在线性方程后面加高阶项。此法诚然有效,但由此增加的可调参数未免增加了过拟合的风险。SVR采用核函数解决这一矛盾。用核函数代替线性方程中的线性项可以使原来的线性算法"非线性化",即能作非线性回归。与此同时,引进核函数达到了"升维"的目的,而增加的可调参数却很少,于是过拟合仍能控制。

8.2 支持向量回归

8.2.1 线性回归情形

设样本集为:$(y_1, x_1),\cdots,(y_l, x_1)$,$x\in R^n$,$y\in R$,回归函数用下列线性方程来表示:

$$f(x) = \boldsymbol{w}^{\mathrm{T}}x + b \tag{8-1}$$

最佳回归函数通过求以下函数的最小极值得出:

$$\bar{\varPhi}(w, \xi^*, \xi) = \frac{1}{2}|w|^2 + C\left(\sum_{i=1}^{l}\xi_i + \sum_{i=1}^{l}\xi_i^*\right) \tag{8-2}$$

式中：C为设定的惩罚因子值。

Vapnik提出运用下列不敏感损耗函数：

$$L_e(y) = \begin{cases} 0 & \text{for} & |f(x)-y| < \varepsilon \\ |f(x)-y| - \varepsilon & \text{otherwise} \end{cases} \tag{8-3}$$

通过下面的优化方程：

$$\max_{\alpha,\alpha^*} W(\alpha,\alpha^*) = \max_{\alpha,\alpha^*} \left\{ \begin{array}{l} -\dfrac{1}{2} \displaystyle\sum_{i=1}^{l}\sum_{j=1}^{l} (\alpha_i-\alpha_i^*)(\alpha_j-\alpha_j^*)(x_i,x_j) \\ + \displaystyle\sum_{i=1}^{l} \alpha_i(y_i-\varepsilon) - \alpha_i^*(y_i+\varepsilon) \end{array} \right\} \tag{8-4}$$

在下列约束条件下：

$$0 \leqslant \alpha_i \leqslant C, \ i = 1,\cdots,l$$
$$0 \leqslant \alpha_i^* \leqslant C, \ i = 1,\cdots,l$$
$$\sum_{i=1}^{l} (\alpha_i-\alpha_i^*) = 0$$

求解：

$$\bar{\alpha},\bar{\alpha}^* = \arg\min \left\{ \begin{array}{l} \dfrac{1}{2} \displaystyle\sum_{i=1}^{l}\sum_{j=1}^{l} (\alpha_i-\alpha_i^*)(\alpha_j-\alpha_j^*)(\boldsymbol{x}_i^{\mathrm{T}} x_j) \\ - \displaystyle\sum_{i} (\alpha_i-\alpha_i^*)y_i + \sum_{i} (\alpha_i+\alpha_i^*)\varepsilon \end{array} \right\} \tag{8-5}$$

由此可得拉格朗日方程的待定系数α_i和α_i^*，从而得回归系数和常数项：

$$\bar{w} = \sum_{i=1}^{l} (\alpha_i-\alpha_i^*) x_i$$
$$\bar{b} = -\frac{1}{2}\bar{w}(x_r + x_s) \tag{8-6}$$

8.2.2　非线性回归情形

类似于分类问题，一个非线性模型通常需要足够的模型数据，与非线性SVC方法相同，一个非线性映射可将数据映射到高维的特征空间中，在其中就可以进行线性回归。运用核函数可以避免模式升维可能产生的"维数灾难"，即通过运用一个非敏感性损耗函数，非线性SVR的解即可通过下面方程求出：

$$\max_{\alpha,\alpha^*} W(\alpha,\alpha^*) = \max_{\alpha,\alpha^*} \left\{ \begin{array}{c} \sum_{i=1}^{l} \alpha_i^*(y_i-\varepsilon) - \alpha_i(y_i+\varepsilon) \\ -\frac{1}{2}\sum_{i=1}^{l}\sum_{j=1}^{l}(\alpha_i^*-\alpha_i)(\alpha_j^*-\alpha_j)K(x_i,x_j) \end{array} \right\} \quad (8-7)$$

其约束条件为：

$$0 \leqslant \alpha_i \leqslant C, \ i=1,\cdots,l$$
$$0 \leqslant \alpha_i^* \leqslant C, \ i=1,\cdots,l$$
$$\sum_{i=1}^{l}(\alpha_i^*-\alpha_i)=0 \quad (8-8)$$

由此可得拉格朗日待定系数 α_i 和 α_i^*，回归函数 $f(x)$ 则为：

$$f(x) = \sum_{SVs}(\bar{a}_i-\bar{a}_i^*)K(x_i,x) \quad (8-9)$$

8.3 数据挖掘的过程

数据挖掘是一个以人为主体，在人的指导和干预下，从复杂数据中挖掘先前未知、有效、可利用的信息，并指出规律做出决策。它包含以下几个环节。

8.3.1 准备数据

复杂数据需要做些准备工作进行处理后才能进行数据挖掘，这些处理工作包括数据的选择（相关数据选择）、净化（消除噪声和冗余数据）、推测（推算缺失数据）、转换（离散值与连续值数据之间的转换、数据值的分组分类）、数据缩减。数据准备得当与否将直接影响到数据挖掘的效率、准确性和最终模式的有效性。

8.3.2 数据挖掘算法的选用

数据挖掘技术的选用是数据挖掘过程中最为关键的一步，也是技术难点所在。目前采用最多的挖掘算法有回归、决策树、分类、聚类、神经遗传、支持向量机等。根据数据挖掘的目标和数据类型来选取相应算法，对数据进行分析，进而依据可能的模型建模。

8.3.3　评估和表现知识

数据挖掘得到的模式，需要进行重新评估从中选出可用的、有效的模式，然后用易于理解的方式解答。这些评估方法需要以经验和专业知识为依据，也可以用验证试验的数据来检验其准确性。

8.3.4　优化知识

可以理解并被认为是符合实际和有价值的模式就是知识。形成知识后，还要做进一步的一致性检查，找出与以往知识互相冲突的地方，择优汰劣，对知识进行优化。

8.3.5　运用知识

运用知识挖掘所得知识有两种方法：一种只需依据知识本身所描述的关系或产生结果，就可以对决策提供支持；另一种则要求对新的数据运用知识，并进一步运用产生的新知识。

数据挖掘过程可能需要多次的循环反复，当某一个步骤与预期目标不符时，都要回到前面的步骤，重新调整，重新执行。在实际处理化学化工数据时，我们可以根据经验模式摸索出一套综合运用多种数据挖掘方法，进行复杂数据信息处理的流程。本次预报采用的一个大体流程如图8-1所示。

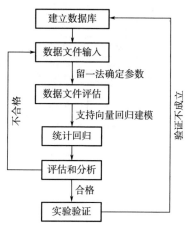

图8-1　数据预报流程图

8.4 计算结果及分析

8.4.1 数据结构关系判定

本研究以紫外光照90min后样品对亚甲基蓝的降解率为因变量、以实验原料配方中钛源、络合剂乙酰乙酸乙酯、网络诱导剂环氧丙烷、无水乙醇及硝酸铈为自变量共准备了21组样本数据，见表8-1。其中依据降解率大小将样本数据分为1类和2类，1类数据为降解率≥95%，2类数据为降解率在95%以下。

表8-1 样本数据

序号	类别	降解率/%	四氯化钛	钛酸四丁酯	乙酰乙酸乙酯	环氧丙烷	无水乙醇	硝酸铈
1	2	78.1	0	6.29	2.59	11.56	75.85	0
2	1	98.11	0	9.02	3.71	16.58	69.71	0
3	2	88.96	0	12.61	5.19	23.16	61.64	0
4	2	44.5	0	11.29	2.59	11.56	75.85	0
5	2	58.7	0	16.19	3.71	16.58	69.71	0
6	2	55.6	0	22.62	5.19	23.16	61.64	0
7	2	78.1	6.29	0	2.59	11.56	75.85	0
8	2	80.76	7.19	0	2.96	13.22	73.82	0
9	1	98.11	9.02	0	3.71	16.58	69.71	0
10	2	84.75	11.7	0	4.82	21.51	63.67	0
11	2	88.96	12.61	0	5.19	23.16	61.64	0
12	1	100	9.02	0	0.62	16.57	72.8	0
13	1	99	9.02	0	1.86	16.57	71.56	0
14	1	99	9.02	0	3.09	16.57	70.33	0
15	1	99	9.02	0	4.33	16.57	69.09	0
16	1	100	9.02	0	5.57	16.57	67.85	0
17	2	85.65	9.02	0	3.71	16.58	69.71	0
18	1	95.31	9.02	0	3.71	16.58	69.71	0.08
19	1	97.18	9.02	0	3.71	16.58	69.71	0.12
20	1	94.65	9.02	0	3.71	16.58	69.71	0.16
21	1	92.28	9.02	0	3.71	16.58	69.71	0.2

8.4.1.1　以线性关系处理结果

先假设数据结果为线性关系，选择线性核函数，利用支持向量机留一法搜索模型参数，设定ε的范围为$0.01 \leqslant \varepsilon \leqslant 0.1$，步长为0.01；设定$c$的范围为$10 \leqslant c \leqslant 200$，步长为40。数据处理结果如图8-2所示。

图8-2为支持向量回归（线性核函数）留一法计算所得MDE（平均绝对误差）随ε、c的变化关系图，结果得到最优参数：当$c = 50$，$\varepsilon = 0.02$时，MDE最小，均方根误差RMSE = 9.58。

8.4.1.2　以非线性关系处理结果

先假设数据结果为非线性关系，选择径向基核函数，利用支持向量机留一法搜索模型参数。设定ε的范围为$0.01 \leqslant \varepsilon \leqslant 0.1$，步长为0.01；设定$c$的范围为$10 \leqslant c \leqslant 200$，步长为40。数据处理结果如图8-3所示。

图8-3为支持向量回归（径向基核函数）留一法计算所得MDE（平均绝对误差）随ε、c的变化关系图，结果得到最优参数：$c = 50$，$\varepsilon = 0.1$时，MDE最小，RMSE=11.31336。

对比图8-2和图8-3可知，运用线性核函数进行计算后的平均绝对

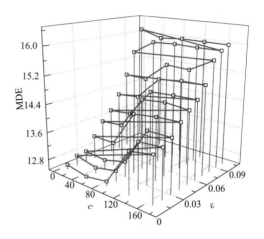

图8-2　线性判断中MDE随ε和c的变化关系图

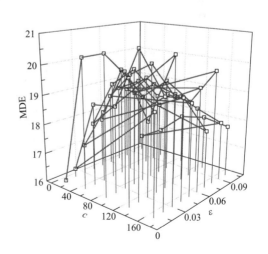

图8-3　非线性判断中MDE随ε和c的变化关系图

误差要小于运用非线性核函数计算后的结果，因此采用线性核函数回归对本研究数据进行建模预报。

8.4.2 定量建模

本章所用SVR计算软件为自编的基于Windows的应用软件Master 数据挖掘软件，所有计算在Win8.0微机上实现，选择基于线性核函数的支持向量机算法。

8.4.2.1 建模结果

根据Master数据挖掘软件计算所得光催化降解率的实验值和计算机预报值的对比见表8-2。

表8-2 光催化降解率实验值和预报值对比

序号	类别	降解率（实验值）	降解率（计算值）	D（Cal.-Exp.）	D（Exp）/%	D_{mn}/%
1	2	78.1	78.64	0.54	0.70	0.98
2	1	98.11	84.82	−13.28	13.54	23.9
3	2	88.96	92.84	3.88	4.37	7.00
4	2	44.5	59.64	15.14	34.03	27.28
5	2	58.7	57.57	−1.12	1.91	2.02
6	2	55.6	54.80	−0.79	1.43	1.43
7	2	78.1	82.38	4.28	5.48	7.71
8	2	80.76	84.97	4.21	5.21	7.58
9	1	98.11	90.18	−7.92	8.08	14.28
10	2	84.75	97.80	13.05	15.40	23.52
11	2	88.96	100.33	11.37	12.78	20.49
12	1	100	101.93	1.93	1.93	3.48
13	1	99	97.20	−1.79	1.81	3.23
14	1	99	92.51	−6.48	6.54	11.68
15	1	99	87.78	−11.21	11.32	20.19
16	1	100	83.06	−16.93	16.93	30.51
17	2	85.65	90.18	4.53	5.29	8.16
18	1	95.31	92.93	−2.37	2.49	4.27
19	1	97.18	94.31	−2.86	2.94	5.16
20	1	94.65	95.69	1.04	1.10	1.87
21	1	92.28	97.06	4.78	5.18	8.62

图8-4为依照表8-2的数据所作的光催化降解实验值与预报值对比图。

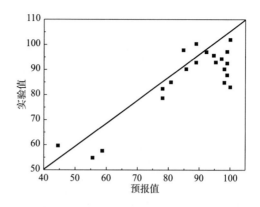

图8-4　光催化降解率的实验值和预报值的对比

由图8-4可以看出，实验所得数据较为均匀地分布在直线两端，表明采用本数据挖掘软件所预报数据具有较好的可信度。由表8-2和图8-4可以看出所得预报数据与实验数据相对误差较小，预报值与实验值之间的相关系数为0.858。采用支持向量回归算法进行数据处理，建立了光催化降解率和样品配制原始配方所用原料四氯化钛、钛酸四丁酯、乙酰乙酸乙酯、环氧丙烷、无水乙醇、硝酸铈（质量/g）之间的函数关系，处理后所得方程如下：

$$Degradation = -0.887m_{四氯化钛} -1.5937m_{钛酸四丁酯} -0.3937m_{乙酰乙酸乙酯}$$
$$+ 0.6037m_{环氧丙烷} -0.3747m_{无水乙醇} + 0.1297m_{硝酸铈} \qquad (8-10)$$

8.4.2.2　留一法验证

根据建模结果，再在Master数据挖掘软件中采用留一法进行验证，结果显示样本数为21，相对误差为2.22，平均相对误差为0.10，绝对误差为180.21，平均绝对误差为8.61，均方根误差（RMSE）= 10.65，Q平方检验（Q^2）= 0.5302。

根据现有文献和计算者的经验，当相关系数≥0.85时，所得到的定量模型是令人满意的，可以运用于本书光催化降解率的预报。

8.4.3　数据处理与结果分析

结合实验结果及预报的结果，可以得出以下初步结论。

①回归方程中，钛酸四丁酯一项前的系数为较大的负值，比四氯化钛前系数更负，表明钛酸四丁酯作为钛源前驱体不如四氯化钛有利于提高样品的光催

化降解率，由第3章实验结果也验证了这一结论；环氧丙烷一项前的系数为较大的正值，表明环氧丙烷作为网络诱导剂对样品的光催化降解率的提高有一定的贡献，但考虑样品制备中不宜过快凝胶而影响实验进展，因此环氧丙烷的加入量不宜太高，有关这一点有待后续实验进一步验证该结论；硝酸铈一项前的系数为正值，表明铈作为稀土元素的掺入有利于提高样品的光催化降解率，这一结论在第4章可以得到验证。

②在实验过程中发现，四氯化钛作为钛源前驱体，其加入量并非越高越能提高样品紫外光催化降解率，而是适量的钛源前驱体含量与合适的碳含量可以发挥碳的吸附作用与TiO_2的光催化作用的协同效应而达到最佳的光催化降解率，表明四氯化钛的设计质量不宜太高，这从计算结果中四氯化钛前的系数为负值可以得到印证。

8.5　小结

本书采用支持向量机对实验所得21组样本数据进行回归拟合，以样品对亚甲基蓝的紫外光照90min的降解率为目标值，以样品制备中各原料质量配比为因变量，得到计算回归方程由各原料前系数的正负可判断该原料的加入对样品光催化降解率的贡献，根据支持向量回归方法进行建模，可得到如下几点结论：

①本书所得样品数据适合采用基于线性核函数的支持向量回归方法进行拟合，且线性核函数拟合最优参数为$c = 50$，$\varepsilon = 0.02$时MDE最小，均方根误差RMSE = 9.58。

②回归方程中，预报数据与实验数据的相关系数为0.858，表明采用线性核函数进行回归具有较高的相关性。

③根据回归方程并结合实验数据可知，四氯化钛相较于钛酸四丁酯，前者更适合作为TiO_2的前驱体制备本研究的复合气凝胶。

④结合本研究实验结果及回归方程中硝酸铈一项前的系数为正值，表明稀土铈的掺入有利于提高样品对亚甲基蓝的光催化降解率。

⑤依照建模所得降解率与原料配方之间的方程可知，在今后的实验设计中，可进一步通过实验验证对光催化降解率有较大贡献的环氧丙烷对材料光催化性能的影响及影响规律。

⑥本数据挖掘软件对实验数据的处理得到预报值与实验值具有较高的相关系数，表明采用该软件对本实验数据进行处理是有效的。

参考文献

［1］JIAN ZHU, SHAOHUA WANG, ZHEN-FENG BIAN, et al. A facile synthesis of hierarchical fiower-like TiO_2 with enhanced photocatalytic activity［J］. Res Chem Intermed, 2009, 35: 769-777.

［2］MACWAN D P, PRAGNESH N DAVE, SHALINI CHATURVEDI. A review on nano-TiO_2 sol-gel type syntheses and its applications［J］. J Mater. Sci., 2011, 46: 3669-3686.

［3］KOCI K, MATEJKA V, KOVAR P, et al. Comparison of the pure TiO_2 and kaolinite TiO_2 composite as catalyst for CO_2 photocatalytic reduction［J］. Catalysis Today, 2011, 161: 105-109.

［4］SUTAPA GHOSAL, THEODORE F BAUMANN, JEFFREY S King, et al. Controlling Atomic Layer Deposition of TiO_2 in Aerogels through Surface Functionalization［J］. Chem. Mater., 2009, 21: 1989-1992.

［5］WEI KONG, CHAO CHEN, KAIGUANG MAI, et al. Large-Scale Synthesis and Self-Assembly of Monodisperse Spherical TiO_2 Nanocrystals［J］. Journal Nanomaterials, 2011, 10 (4): 1-4.

［6］SAWANTA S MALI, PRAVIN S SHINDE, BETTY C A, et al. Large-Scale Synthesis and Self-Assembly of Monodisperse Spherical TiO_2 Nanocrystals［J］. Applied Surface Science, 2011, 257: 9737-9746.

［7］GARBASSI F, BALDUCCI L. Preparation and characterization of spherical TiO_2-SiO_2 particles［J］. Microporous and Mesoporous Meterials, 2011, 47: 51-59.

［8］雷斌, 薛建军, 秦亮. Pt-TiO_2纳米管电极的制备及电催化性能［J］. 材料科学与工程学报, 2007, 25 (6): 950-953.

［9］BRASSEUR-TILMANT J, POMMIER C, CHHOR K. Synthesis of supported TiO_2 membranes using supercritical alcohol［J］. Materials Chemistry and Physics, 2006, 64: 156-165.

［10］SETYAN A，SAUVAINA J J，ROSSI M J. The use of heterogeneous chemistry for the characterization of functional groups at the gas/particle interface of soot and TiO_2 nanoparticles［J］. Physic Chemistry Chemical Physics，2009，11：6205-6217.

［11］黄艳娥. TiO_2光催化剂固定化技术［J］. 河北理工学院学报，2001，23（2）：74-77，89.

［12］郭孟师，杨靖华，周心艳. TiO_2纳米管的研究进展［J］. 材料导报，2006，20（Ⅶ）：108-110.

［13］邵颖，薛宽宏，何春建，等. TiO_2纳米管对十二烷基苯磺酸钠的光催化降解［J］. 化学世界，2003，4：174-178，180.

［14］马士才，季惠明，张晨. TiO_2纳米管气敏材料的研究与应用［J］. 材料导报，2006，20（Ⅶ）：111-114.

［15］田西林，陶杰，陶海军，等. 淬火处理对TiO_2纳米管阵列电极性能影响［J］. 物理化学学报，2009，25（6）：1111-1116.

［16］鲁娜，赵慧敏，全燮，等. 氮掺杂TiO_2纳米管电极制备及可见光电催化活性［J］. 功能材料与器件学报，2008，14（1）：65-69.

［17］卫应亮，邵晨，韩华峰，等. 纳米TiO_2-碳纳米管复合膜修饰电极伏安法测定水中α-萘酚和β-萘酚［J］. 环境监测管理与技术，2009，21（4）：36-39.

［18］褚道葆，李晓华，冯德香，等. 葡萄糖在碳纳米管/纳米TiO_2膜载Pt复合电极上的电催化氧化［J］. 化学导报，2004，62（24）：2403-2406.

［19］王保玉，郭新勇，张治军，等. 热处理对TiO_2纳米管结构相变的影响［J］. 高等学校化学学报，2003，24（10）：1838-1841.

［20］张凤，陶杰，陶海军，等. 柔性TiO_2纳米管薄膜电极的制备及其光电性能［J］. 影响科学与光化学，2008，26（3）：224-232.

［21］孙岚，李静，王成林，等. 钛基TiO_2纳米管阵列电极的光电催化性能［J］. 无机化学学报，2009，25（2）：334-338.

［22］田西林，陶杰，陶海军，等. 钛基材上制备TiO_2纳米管阵列电极的电化学性能［J］. 中国有色金属学报，2009，19（5）：904-909.

［23］李达钱，陈金媛. 碳纳米管/TiO_2电极光电催化测定耐兰方法探讨［J］. 浙江工业大学学报，2006，34（4）：369-372.

［24］张金花，张莉艳. 碳纳米管/纳米TiO$_2$复合膜电极与纳米TiO$_2$电极电化学性能比较［J］. 池州学院学报，2008，22（5）：55-57.

［25］张金花，褚道葆. 碳纳米管-纳米TiO$_2$复合膜修饰电极的制备及其对马来酸的电催化还原［J］. 合成化学，2008，16（4）：410-413.

［26］汤育欣，陶杰，陶海军，等. 透明TiO$_2$纳米管/FTO电极制备及表征［J］. 物理化学学报，2008，24（6）：1120-1126.

［27］KOUTSOLIKOLAS D, KALDIS S, SAKELLAROPOULOS G P. A low-temperature CVI method for pore modification of sol-gel silica membranes［J］. Journal of Membrane Science, 2009（342）：131-137.

［28］BRADY J CLAPSADDLE, DAVID W SPREHN, ALEXANDA E GASH, et al. A versatile sol-gel synthesis route to metal-silicon mixed oxide nanocomposites that contain metal oxides as the major phase［J］. Journal of Non-Crystalline Solids, 2004（350）：173-181.

［29］ROJAS-CVERVANTES M L, ALONSO L, DIAS-TERAN J, et al. Basic metal-carbons catalysts prepared by sol-gel method［J］. Carbon, 2004（42）：1575-1582.

［30］TSURU TSURU*, YUKA TKATA, HIROYASU KONDO, et al. Characterization of sol-gel derived membranes and zeolite membranes by nanopermporometry［J］. Separation and Purification Technology, 2003（32）：23-27.

［31］KIKKINIDES E S, STOITSAS K A, ZASPALIS V T. Correlation of structural and permeation properties in sol-gel-made nanoporous membranes［J］. Journal of Colloid and Interface Science, 2003（259）：322-330.

［32］CHRISTIAN G. GUIZARD, ANNE C JULBE, ANDRE AYRAL. Design of nanosized structures in sol-gel derived porous solids. Applications in catalyst and inorganic membrane preparation［J］. Journal of Materials Chemistry, 1999, 6：55-65.

［33］ANN M ANDERSON, SMITESH D BAKRANIA, JAN KONECNY, et al. Detecting sol-gel transition using light transmission［J］. Journal of Crystalline Solids, 2004, 350：259-265.

［34］TAKUJI YAMAMOTO, TAKASHI YOSHIDA, TETSUO SUZUKI, et al.

Dynamic and Static Light Scattering Study on the Sol-Gel Transition of Resorcinol-Formaldehyde Aqueous Solution [J] . Journal of Collode and Science, 2002, 245: 391-396.

[35] YUNFENG GUA, KATSUKI KUSAKABEB, SHIGEHARU MOROOKAB. Effect of chelating agent 1 5-diaminopentane on the microstructures of sol-gel derived zirconia membranes [J] . Separation Science and Technology, 2010, 36 (16): 3689-3700.

[36] CHANDRADAS J, BYUNSEI JUN, DONG-SIK BAE. Effect of different fuels on the alumina-zirconia nanopowder synthesized by sol-gel autocombustion method [J] . Journal of Non-Crystalline Solids, 2008, 254: 3085-3087.

[37] SEUNG-JOON YOO, JUNG-WOON LEE, UN-YEON HWANG, et al. H_2—CO_2 separation characteristics of gamma-Al_2O_3 membrane by aging stage in sol-gel process [J] . Korean J. Chem. Eng, 2000, 17 (4): 438-443.

[38] TONANON N, TANTHAPANICHAKOON W, YAMAMOTO T, et al. Influence of surfactants on porous properties of carbon cryogels prepared by sol-gel polycondensation of resorcinol and formaldehyde [J] . Carbon, 2004 (41): 2981-2990.

[39] TOPUZ B, ÇIFTÇIOĞLU M, OZKAN F. Investigation of the Permeability of Pure Gases in Sol-Gel Derived Al_2O_3 Membrane [J] . Key Engineering Materials, 2004 (264-268): 399-402.

[40] AI DU, BIN ZHOU, JUN SHEN, et al. Monolithic copper oxide aerogel via dispersed inorganic sol-gel method [J] . Journal of Non-Crystalline Solids, 2009 (35): 175-181.

[41] TILLOTSON T M, GASH A E, SIMPSON R L, et al. Poco. Nanostructured energetic materials using sol-gel methodologies [J] . Journal of Non-Crystaline Solids, 2001 (285): 338-345.

[42] EAMONN F MURPHY, LEO SCHMID, THOMAS BURGI, et al. Nondestructive Sol-Gel Immobilization of Metal (salen) Catalysts in Silica Aerogels and Xerogels [J] . Chem. Mater. , 2001, 13: 1296-1304.

[43] ALLEN G SAULT, ANTHONY MARTINO, JEFFREY S KAWOLA, et al. Novel Sol-Gel-Based Pt Nanocluster Catalysts [J] . Journal of Catalysis, 2000

（191）：474–479.

[44] OTHMAN M R, KIM J. Permeability and separability of oxygen across perovskite-Alumina membrane prepared from a sol–gel procedure [J]. Ind. Eng. Chem. Res. , 2008, 47: 3000–3007.

[45] 李传峰，钟顺和. 溶胶凝胶法合成聚酰亚胺二氧化钛杂化膜 [J]. 高分子学报，2002，3：326–330.

[46] NIHAN TUZUN F, ERSEL ARCEVIC. Pore Modification in Porous Ceramic Membranes With Sol–Gel Process and Determination of Gas Permeability and Selectivity [J]. Mocromo Symp, 2010, 287: 135–142.

[47] MIKI YUSHIMUNE, TAKAJI YAMAMOTO, MASASU NAKAIWA, et al. Preparation of highly mesoporous carbon membranes via a sol–gel process [J]. Carbon, 2008, 46: 1031–1036.

[48] GUOTONG QIN, SHUCAI GUO. Preparation of RF organic aerogels and carbon aerogels by alcoholic sol–gel process [J]. Carbon, 2001, 39: 1929–1941.

[49] CHRISTOPHER N CHERVIN, BRADY J Clapsaddle, Hsiang Wei Chiu, et al. Role of cyclic ether and solvent in a non–alkoxide sol–gel synthesis of yttria-stabilized zirconia nanoparticles [J]. Chemistry of Materials, 2006, 18 （20）: 4865–4874.

[50] RAHUL PAL, DEBTOSH KUNDO. Sol–gel synthesis of porous and dense silica microspheres [J]. Journal of Non–Crystalline Solids, 2009 （355）: 76–78.

[51] EMILY J ZANTO, SHAHEEN A AL–MUHTASEB, JAMES A Ritter. Sol–Gel–Derived Carbon Aerogels and Xerogels Design of Experiments Approach to Materials Synthesis [J]. Ind. Eng. Chem. , 2002, 41; 3152–3161.

[52] PAKIZEH M, OMIDKHAH M R, ZARRINGHALAM A. Study of mass transfer through new templated silica membranes prepared by sol–gel method [J]. International Journal of hydrogen Energy, 2007 （32）: 2032–2042.

[53] ERIN GAMPONESCHI, JEREMY WALKER, et al. Surfactant effects on the particle size of iron III oxides formed by sol–gel synthesis [J]. Journal of Non–Crystalline Solids, 2008, 354: 4063–4069.

[54] DONG JUN KANG, BYEONG SOO BAE. Synthesis and Characterization of sol–gel derived highly condensed fluorinated methacryl silica and silica–zirconia hybrid

materials［J］. Journal of Non-Crystalline Solids，2008，354：4975-4980.

［55］HAE JOON LEE，JAE HWA SONG，JUNG-HYUN KIM. Synthesis of resorcinol-formaldehyde gel particles by the sol-emulsion-gel technique［J］. Materials of Letters，1998，37：197-200.

［56］ANDREW I COOPER，COLIN D WOOD，ANDREW B HOLMES. Synthesis of Well-Defined Macroporous Polymer Monoliths by Sol-Gel Polymerization in Supercritical CO_2［J］. Ind. Eng. Chem. Res.，2000，39：4741-4744.

［57］TAAVONI-GILAN A，TAHERI-NASSJI E，AKHONDI H. The effect of zirconia content on properties of Al_2O_3-ZrO_2（Y_2O_3）composite nanopowders synthesized by aqueous sol-gel method［J］. Journal of Non-Crystalline Solids，2009，355：311-316.

［58］BARATI M R，SEYYED EBRAHIMI S A，BADIEI A. The role of surfactant in synthesis of magnetic nanocrystalline powder of $NiFe_2O_4$ by sol-gel auto-combustion method［J］. Journal of Non-Crystalline Solids，2008，354：5184-5185.

［59］ALVES ROSA M A，SANTOS E P，SANTILLI C V，et al. Zirconia foams prepared by integration of the sol-gel method and dual soft template techniques［J］. Journal of Non-Crystalline Solids，2008，354：4786-4789.

［60］吴遵义. C-TiO_2的制备及其对三氯乙酸的光催化降解［J］. 石油化工，2006，35（5）：488-492.

［61］潘青山，郑思宁，郑柳萍，等. 碳掺杂TiO_2光催化剂的制备及其性能表征［J］. 福建师范大学学报（自然科学版），2012，28（1）：73-76，98.

［62］SARA GOLDSTEIN，DAVID BEHAR，JOSEPH RABANI. Nature of the Oxidizing Species Formed upon UV Photolysis of C-TiO_2 Aqueous Suspensions［J］. J. Phys. Chem. C，2009，113：12489-12494.

［63］RENATA FERREIRA，LINS. MARINALVA，APARECIDA ALVES-ROSA，et al. Formation of TiO_2 ceramic foams from the integration of the sol-gel method with surfactants assembly and emulsion［J］. J Sol-Gel Sci Technol，2012，63：224-229.

［64］SAIF M，ABOUL-FOTOUH S M K，EL-MOLLA S A，et al. Improvement of the structural，morphology，and optical properties of TiO_2 for solar treatment of industrial wastewater［J］. J Nanopart Res，2012，14（11）：1227.

［65］TSUTOMU MINAMI. Advanced sol-gel coatings for practical applications ［J］. J Sol-Gel Sci Technol, 2013, 65（1）: 4-11.

［66］LIANG LIU, DANIEL MANDLER. Electro-assist deposition of binary sol-gel films with graded structure ［J］. Electrochimica Acta, 2013, 102: 212-218.

［67］BORLAF M, POVEDA J M, MORENO R, et al. Synthesis and characterization of TiO_2/Rh^{3+} nanoparticulate sols, xerogels and cryogels for photocatalytic applications ［J］. Journal of Sol-Gel Science and Technology, 2012, 63 （3）: 408-415.

［68］TUBIO C R, GUITIAN F, GIL A. Preparation and characterization of Ce-doped and Zr-doped sol-gel inks of titanium alkoxide ［J］. Journal of Sol-Gel Science and Technology, 2012, 64（2）: 436-441.

［69］NA LI, YUMEI ZHU, KAI GAO, et al. Preparation of sol-gel derived microcrystalline corundum abrasives withhexagonal platelets ［J］. International Journal of Minerals Metallurgy and Material, 2013, 20（1）: 71-75.

［70］SALEM ELMAGHRUM, ARNAUD GORIN, RAPHA K KRIBICH, et al. Development of a sol-gel photonic sensor platform for the detection of biofilm formation ［J］. Sensors and Actuators B: Chemical, 2013, 177: 357-363.

［71］YUE HOU, AMIR M. SOLEIMANPOUR, AHALAPITIYA H JAYATISSA. Low resistive aluminum doped nanocrystalline zinc oxide for reducing gas sensor application via sol-gel process ［J］. Sensors and Actuators B: Chemical, 2013, 177: 761-769.

［72］MARIA TEREZA CORTEZ FERNANDES, RENATA BATISTA RIVERO GARCIA, CARLOS ALBERTO PAULA LEITE, et al. The competing effect of ammonia in the synthesis of iron oxide/silica nanoparticles in microemulsion/sol-gel system ［J］. Colloids and Surfaces A: Physicochemical and Engineering Aspects, 2013, 422: 136-142.

［73］LI-XIA DU, ZI-TAO JIANG, RONG LI. Preparation of porous titania microspheres for hPLC packing by sol-gel method ［J］. Materials Letters, 2013, 95: 17-20.

［74］TRYBA B, PISZCZ M, Grzmilet B, et al. Photodecomposition of dyes on Fe-C-TiO_2 photocatalysts under UV radiation supported by photo-Fenton process ［J］.

Journal of hazardous Materials, 2009, 162: 111–119.

[75] TRYBA B. Immobilization of TiO_2 and $Fe-C-TiO_2$ photocatalysts on the cotton material for application in a flow photocatalytic reactor for decomposition of phenol in water [J]. Journal of hazardous Materials, 2008, 151 (2-3): 623–627.

[76] 谢洪勇, 张亚宁, 徐巧莲. 含碳纳米$C-TiO_2$薄膜光催化降解气相甲苯研究 [J]. 环境科学与技术, 2008, 31 (3): 19–22.

[77] 周化岚, 葛芳州, 邹忠, 等. $C-TiO_2$复合光催化剂研究进展 [J]. 材料导报, 2011, 25 (18): 166–169.

[78] 付川. 铂修饰$C-TiO_2$复合催化剂光催化染料废水 [J]. 重庆三峡学院学报, 2003, 5 (19): 119–121.

[79] 薛丽梅, 张风华, 樊惠娟, 等. $C-TiO_2$光催化还原CO_2的实验研究 [J]. 矿业工程, 2011, 31 (1): 84–87.

[80] 隋吴彬, 郑经堂, 仇实, 等. $C-TiO_2$复合催化剂的制备及其表征 [J]. 天津工业大学学报, 2012, 31 (2): 47–49.

[81] JUNJIE YUAN, TIAN ZHOU. Efficient synthesis of asymmetric particles by sol-gel process [J]. Colloid and Polymer Science, 2013, 291 (5): 1227–1234.

[82] HIROAKI ISHIDA, KIYOHARU TADANAGA, AKITOSHI HAYASHI, et al. Synthesis of monodispersed lithium silicate particles using the sol-gel method [J]. Journal of Sol-Gel Science and Technology, 2013, 65 (1): 42–45.

[83] HUA GONG, DINGYUAN TANG, HUI HUANG, et al. Crystallization kinetics and characterization of nanosized Nd: YAG by a modified sol-gel combustion process [J]. Journal of Crystal Growth, 2013, 362: 52–57.

[84] 操小鑫, 陈亦琳, 林碧洲, 等. 氧缺陷型 TiO_{2-x}可见光催化性能的研究 [J]. 无机材料学报, 2012, 27 (12): 1301–1305.

[85] 李兴旺, 吕鹏鹏, 姚可夫, 等. 常压干燥制备TiO_2气凝胶及光催化降解含油污水性能研究 [J]. 无机材料学报, 2012, 27 (11): 1153–1158.

[86] MALGORZATA WOJTONISZAK, DIANA DOLAT, ANTONI MORAWSKI, et al. Carbon-modified TiO_2 for photocatalysis [J]. Nanscale Research Lettes, 2012, 7: 1–6.

[87] HAI LIU, LIXIN YU, WEIFAN CHEN, et al. The Progress of TiO_2 Nanocrystals

Doped with Rare Earth Ions [J]. Journal of Nanomaterial, 2012: 1-9.

[88] FEILA LIU, LU LU, PENG XIAO, et al. Effect of Oxygen Vacancies on Photocatalytic Efficiency of TiO₂ Nanotubes Aggregation [J]. Bull. Korean Chem. Soc., 2012, 33 (7): 2255-2259.

[89] HOMEM V, SILVA J A, RATOLA N, et al. Prioritisation approach to score and rank synthetic musk compounds for environmental risk assessment [J]. Journal of Chemical Technology and Biotechnology, 2015, 23: 223-231.

[90] 吴希睿, 王峰, 杨海真. 环境中多环合成麝香的污染现状和研究进展 [J]. 环境科学与技术, 2013, 2: 110-115, 41.

[91] ESCHKE H, TRAUD J, DIBOWSKI H. Studies on the occurrence of polycyclic musk flavors in different environmental compartments. 1st Communication: Detection and analysis by GC/MS chromatograms in surface waters and fish [J]. UWSF Z Umweltchem Ökotox, 1994, 6 (4): 183-189.

[92] API A M, FORD R A. Evaluation of the oral subchronic toxicity of HHCB (1, 3, 4, 6, 7, 8-hexahydro-4, 6, 6, 7, 8, 8-hexamethylcyclopenta-γ-2-benzopyran) in the rat [J]. Toxicology letters, 1999, 111 (1): 143-149.

[93] K MMERER K, AL-AHMAD A, MERSCH-SUNDERMANN V. Biodegradability of some antibiotics, elimination of the genotoxicity and affection of wastewater bacteria in a simple test [J]. Chemosphere, 2000, 40 (7): 701-710.

[94] ROSENKRANZ H S, MERSCH-SUNDERMANN V, KLOPMAN G. SOS chromotest and mutagenicity in Salmonella: evidence for mechanistic differences [J]. Mutation Research/Fundamental and Molecular Mechanisms of Mutagenesis, 1999, 431 (1): 31-38.

[95] HYZY M, BOZKO P, KONOPA J, et al. Antitumour imidazoacridone C-1311 induces cell death by mitotic catastrophe in human colon carcinoma cells [J]. Biochemical pharmacology, 2005, 69 (5): 801-809.

[96] EMIG M, REINHARDT A, MERSCH-SUNDERMANN V. A comparative study of five nitro musk compounds for genotoxicity in the SOS chromotest and Salmonella mutagenicity [J]. Toxicology letters, 1996, 85 (3): 151-156.

[97] ABRAMSSON-ZETTERBERG L, SLANINA P. Macrocyclic musk compounds:

an absence of genotoxicity in the Ames test and the in vivo Micronucleus assay〔J〕. Toxicology letters, 2002, 135（1）: 155–163.

［98］KOH D, TAN C, NG S, et al. Screening for p–phenylenediamine（PPD）in hair–care products by thin–layer chromatography（TLC）〔J〕. Contact dermatitis, 2000, 43（3）: 182–186.

［99］POLO M, GARCIA–JARES C, LLOMPART M, et al. Optimization of a sensitive method for the determination of nitro musk fragrances in waters by solid–phase microextraction and gas chromatography with micro electron capture detection using factorial experimental design〔J〕. Analytical and bioanalytical chemistry, 2007, 388（8）: 1789–1798.

［100］GEERDINK R B, BREIDENBACH R, EPEMA O J. Optimization of headspace solid–phase microextraction gas chromatography–atomic emission detection analysis of monomethylmercury〔J〕. Journal of Chromatography A, 2007, 1174（1）: 7–12.

［101］BUERGE I J, BUSER H–R, M LLER M D, et al. Behavior of the polycyclic musks HHCB and AhTN in lakes, two potential anthropogenic markers for domestic wastewater in surface waters〔J〕. Environmental science & technology, 2003, 37（24）: 5636–5644.

［102］HORII Y, REINER J L, LOGANATHAN B G, et al. Occurrence and fate of polycyclic musks in wastewater treatment plants in Kentucky and Georgia, USA〔J〕. Chemosphere, 2007, 68（11）: 2011–2020.

［103］卢忠魁, 黄越. 应用高效液相色谱法测定麝香酮及黄蜀葵酮含量〔J〕. 中国卫生工程学, 2006, 6: 354–355.

［104］李凡修, 陆晓华, 梅平. TiO₂光催化法处理六氯苯废水可行性分析〔J〕. 环境科学与技术, 2007, 11: 74–76, 119–120.

［105］潘声旺, 李玲, 袁馨. 蚯蚓对植物修复永久性有机污染物的影响〔J〕. 成都大学学报（自然科学版）, 2010, 3: 189–194.

［106］ROOSENS L, COVACI A, NEELS H. Concentrations of synthetic musk compounds in personal care and sanitation products and human exposure profiles through dermal application〔J〕. Chemosphere, 2007, 69（10）: 1540–1547.

［107］VERMA A, CHHIKARA I, DIXIT D. Photocatalytic treatment of pharmaceutical industry wastewater over TiO_2 using immersion well reactor: synergistic effect coupling with ultrasound［J］. Desalination and Water Treatment, 2014, 52（34–36）: 6591–6597.

［108］BHAKTA J N, MUNEKAGE Y. Degradation of antibiotics（trimethoprim and sulphamethoxazole）pollutants using UV and TiO_2 in aqueous medium［J］. Modern Applied Science, 2009, 3（2）: 3.

［109］方一丰, 蔡兰坤, 林逢凯, 等. 水体中酮硝基麝香的臭氧氧化降解研究［J］. 环境工程学报, 2008, 8: 1048–1052.

［110］毕强, 薛娟琴, 郭莹娟, 等. 电芬顿法去除兰炭废水COD［J］. 环境工程学报, 2012, 12: 4310–4314.

［111］FUJISHIMA A, HONDA K. Electrochemical photolysis of water at a semiconductor electrode［J］. nature, 1972, 238: 37–48.

［112］储方为, 邱佳铭, 蒋红, 等. TiO_2光触媒纺织品自清洁性能评价方法探究［J］. 中国纤检, 2012, 22: 64–69.

［113］BESTER K. Analysis of musk fragrances in environmental samples［J］. Journal of chromatography A, 2009, 1216（3）: 470–480.

［114］YAMAGISHI T, MIYAZAKI T, HORII S, et al. Identification of musk xylene and musk ketone in freshwater fish collected from the Tama River, Tokyo［J］. Bulletin of Environmental Contamination and Toxicology, 1981, 26（1）: 656–662.

［115］MOTTALEB M A, OSEMWENGIE L I, ISLAM M R, et al. Identification of bound nitro musk–protein adducts in fish liver by gas chromatography–mass spectrometry: Biotransformation, dose–response and toxicokinetics of nitro musk metabolites protein adducts in trout liver as biomarkers of exposure［J］. Aquatic Toxicology, 2012, 106: 164–172.

［116］SUMNER N R, GUITART C, FUENTES G, et al. Inputs and distributions of synthetic musk fragrances in an estuarine and coastal environment; a case study［J］. Environmental pollution, 2010, 158（1）: 215–222.

［117］DIEBOLD U. The surface science of titanium dioxide［J］. Surface science reports, 2003, 48（5）: 53–229.

［118］FUJISHIMA A，RAO T N，TRYK D A．Titanium dioxide photocatalysis［J］．Journal of Photochemistry and Photobiology C：Photochemistry Reviews，2000，1（1）：1-21.

［119］SZCZEPANKIEWICZ S H，COLUSSI A，HOFFMANN M R．Infrared spectra of photoinduced species on hydroxylated titania surfaces［J］．The Journal of Physical Chemistry B，2000，104（42）：9842-9850.

［120］NING XU，MINGXIA XU，TINGXIAN LIU．Preparation of TiO_2 thin films from $TiOSO_4$ by hydrolysisprecipitation methon［J］．Journal of the Chinese Ceramic Society，1997，2：1-9.

［121］BICLDEY R，GONZALEA CARREO T．Mutiphoton Semiconductor Photocatalysis［J］．Jsolid State Chem，1991，92：178-190.

［122］冯巧莲，何国庚，李嘉，等．纳米TiO_2光催化机理及其在空气净化中的应用［J］．洁净与空调技术，2008，3：32-35.

［123］CHOI W，TERMIN A，HOFFMANN M R．The role of metal ion dopants in quantum-sized TiO_2：correlation between photoreactivity and charge carrier recombination dynamics［J］．The Journal of Physical Chemistry，1994，98（51）：13669-13679.

［124］刘月，余林，魏志钢，等．稀土金属掺杂对锐钛矿型TiO_2光催化活性影响的理论和实验研究［J］．高等学校化学学报，2013，2：434-440.

［125］顾德恩，杨邦朝，胡永达．非金属元素掺杂TiO_2的可见光催化活性研究进展［J］．功能材料，2008，1：1-5.

［126］SERPONE N，TEXIER I，EMELINE A，et al．Post-irradiation effect and reductive dechlorination of chlorophenols at oxygen-free TiO_2/water interfaces in the presence of prominent hole scavengers［J］．Journal of Photochemistry and Photobiology A：Chemistry，2000，136（3）：145-155.

［127］ROSARIO A V，PEREIRA E C．The role of Pt addition on the photocatalytic activity of TiO_2 nanoparticles：The limit between doping and metallization［J］．Applied Catalysis B：Environmental，2014，144：840-845.

［128］SCHIAVELLO M．Some working principles of heterogeneous photocatalysis by semiconductors［J］．Electrochimica acta，1993，38（1）：11-14.

［129］刘守新，孙承林．光催化剂TiO_2改性的研究进展［J］．东北林业大学学

报，2003，1：53-56.

[130] 王知彩，眘树财. 基于WO$_3$表面改性TiO$_2$的制备及光催化性能研究 [J].
化工进展，2005，2：174-177.

[131] 王东亮，杨庆，武福平，等. 真空蒸发镀膜法制备TiO$_2$薄膜及其催化活性
[J]. 兰州交通大学学报，2008，1：53-55.

[132] 孙雪. 火焰气相沉积法制备二氧化钛复合纳米颗粒及其应用研究 [D].
大连：大连理工大学，2012. 2：127-135.

[133] MACWAN D, DAVE P N, CHATURVEDI S. A review on nano-TiO$_2$ sol-gel
type syntheses and its applications [J]. Journal of Materials Science, 2011,
46（11）：3669-3686.

[134] FERNANDES M T C, GARCIA R B R, LEITE C A P, et al. The competing
effect of ammonia in the synthesis of iron oxide/silica nanoparticles in
microemulsion/sol-gel system [J]. Colloids and Surfaces A: Physicochemical
and Engineering Aspects, 2013, 422: 136-142.

[135] NING X M X T L. Preparation of TiO$_2$ thin films from TiOSO$_4$ by
hydrolysisprecipitation method [J]. Journal of the Chinese Ceramic Society,
1997, 2: 1130-1137.

[136] 曹怀宝，卢园，王剑波，等. 机械力化学法改性TiO$_2$研究 [J]. 安徽理工
大学学报（自然科学版），2007，1：43-47.

[137] KUPPER T, PLAGELLAT C, BR NDLI R C, et al. Fate and removal of
polycyclic musks, UV filters and biocides during wastewater treatment [J].
Water Research, 2006, 40（14）：2603-4612.

[138] WANG L, WIJEKOON K C, NGHIEM L D, et al. Removal of polycyclic
musks by anaerobic membrane bioreactor: Biodegradation, biosorption, and
enantioselectivity [J]. Chemosphere, 2014, 117: 722-729.

[139] FENGKAI F Y C L L, ZHU L. Degradation of synthetic musk ketone in water
with ozone oxidation [J]. Chinese Journal of Environmental Engineering,
2008, 8: 8-13.

[140] NEAMTU M, SIMINICEANU I, KETTRUP A. Kinetics of nitromusk
compounds degradation in water by ultraviolet radiation and hydrogen peroxide
[J]. Chemosphere, 2000, 40（12）：1407-1410.

［141］CALZA P, SAKKAS V A, MEDANA C, et al. Efficiency of TiO$_2$ photocatalytic degradatio of HHCB（1, 3, 4, 6, 7, 8–hexahydro–4, 6, 6, 7, 8, 8–hexamethylcyclopenta［γ］–2–benzopyran）in natural aqueous solutions by nested experimental design and mechanism of degradation［J］. Applied Catalysis B: Environmental, 2010, 99（1–2）: 314–320.

［142］SANTIAGO–MORALES J, G MEZ M J, HERRERA S, et al. Oxidative and photochemical processes for the removal of galaxolide and tonalide from wastewater［J］. Water Research, 2012, 46（14）: 4435–4447.

［143］SANTIAGO–MORALES J, G MEZ M J, HERRERA–L PEZ S, et al. Energy efficiency for the removal of non–polar pollutants during ultraviolet irradiation, visible light photocatalysis and ozonation of a wastewater effluent［J］. Water Research, 2013, 47（15）: 5546–5556.

［144］JULIANA SANCHES CARROCCIL, RODRIGO YUJI MORI, OSWALDO LUIZ COBRA GUIMARãES, et al. Application of heterogenous Catalysis with TiO$_2$ Photo Irradiated by Sunlight and Latter Activated Sludge System for the Reduction of Vinasse Organic Load［J］. Engineering, 2012, 4（11）: 746–760.

［145］彭丽萍, 夏正才, 杨昌权. 金属与非金属共掺杂锐钛矿相TiO$_2$的第一性原理计算［J］. 物理学报, 2012, 61（12）: 1–8.

［146］HANBIN LEE, MINSIK CHOI, YOUNHEE KYE, et al. Control of Particle Characteristics in the Preparation of TiO$_2$ Nano Particles Assisted by Microwave［J］. Bull. Korean Chem. Soc., 2012, 33（5）: 1699–1702.

［147］房治, 周庆祥. TiO$_2$纳米管阵列在环境研究领域的进展［J］. 化学学报, 2012, 70（17）: 1767–1774.

［148］ZOU JIANPENG, WANG RIZHI. Crack initiation, propagation and saturation of TiO$_2$ nanotube film［J］. Transaction of Nonferrous Metal Society of China, 2012, 22（3）: 627–633.

［149］JINGFENG LI, DAWEI HE, YONGSHENG WANG, et al. Synthesis and Photocatalytic Enhancement with Graphene of TiO$_2$ Nanotubes［J］. Integrated Ferroelectrics, 2012, 135: 151–157.

［150］TIANJIAO XIE, SHENGPING RUAN, HAIFENG ZHANG, et al. TiO$_2$

Ultraviolet Detectors with Sandwich Structure［J］. Integrated Ferroelectrics, 2012, 135: 138–143.

［151］MICHAL KRUK, MIETEK JARONIEC. Gas adsorption Charaterization of ordered organic–Inorganic Nanocomposite Materials［J］. Chemical Materials, 2001, 13, 3169–3183.

［152］DI VALENTIN C, PACCHIONI G, SELLONI A, et al. Characterization of paramagnetic species in N–doped TiO_2 powders by EPR spectroscopy and DFT calculations［J］. The Journal of Physical Chemistry B, 2005, 109（23）: 11414–11419.

［153］NAGAVENI K, SIVALINGAM G, HEGDE M, et al. Photocatalytic degradation of organic compounds over combustion–synthesized nano–TiO_2［J］. Environmental science & technology, 2004, 38（5）: 1600–1604.

［154］SHAO X, LU W, ZHANG R, et al. Enhanced photocatalytic activity of TiO_2–C hybrid aerogels for methylene blue degradation［J］. Scientific reports, 2013, 3（12）: 11334–11339.

［155］DADA A, OLALEKAN A, OLATUNYA A, et al. Langmuir, freundlich, temkin and dubinin–radushkevich isotherms studies of equilibrium sorption of Zn^{2+} unto phosphoric acid modified rice husk［J］. Journal of Applied Chemistry, 2012, 3（1）: 38–45.

［156］LUCKENBACH T, CORSI I, EPEL D. Fatal attraction: synthetic musk fragrances compromise multixenobiotic defense systems in mussels［J］. Marine environmental research, 2004, 58（2）: 215–219.

［157］WENSHUANG LI, SONGPING WU, QUN REN. Preparation and Characterization of Silanized TiO_2 Nanoparticles and Their Application in Toner［J］. Industrial and Engineering Research, 2012, 131（8）: 1854–1862.

［158］Jiaguo Yu, Mietek Jaroniec, Gongxuan Lu. TiO_2 Photocatalytic Materials［J］. International Journal of Photoenergy, 2012: 1–5.

［159］QUANJUN LI, RAN LIU, BENYUAN CHENG, et al. High pressure behavior of nanoporous anatase TiO_2［J］. Materials Research Bulletin, 2012, 47（6）: 1396–1399.

［160］姬平利, 王金刚, 朱晓丽, 等. Ag掺杂型空心TiO_2纳米微球的制备与表征

及其光催化性能 [J]. 物理化学学报，2012，28（9）：2155-2161.

[161] 朱绪飞，韩华，宋晔，等. 阳极氧化物纳米孔道和TiO₂：纳米管形成机理的研究进展 [J]. 物理化学学报，28（6）：1291-1305.

[162] GAOPENG DAI, SUQIN LIU, YING LIANG, et al. A simple preparation of carbon and nitrogen co-doped nanoscaled TiO₂ with exposed {001} facets for enhanced visible-light photocatalytic activity [J]. Journal of Molecular Catalysis：A Chemical, 2013, 308-309：38-42.

[163] TINGSHUN JIANG, LEI ZHANG, MEIRU JI, et al. Carbon Nanotubes/TiO₂ Nanotubes composite photocatalysts for efficient degradation of methyl orange dye [J]. Particuology, 2013, 498：1-6.

[164] LEI ZHU, ZEDA MENG, CHONGYEON PARK. Characterization and relative sonocatalytic effciencies of a new MWCNT [J]. Ultrasonics Sonochemistry, 2013, 20：478-484.

[165] FATEMEH DAVAR, ASSADOLLASHHASSANKHANI, MOHANMAND RAZE LOGHMAN. Controllable synthesis of metastable tetragonal zirconia nanocrystals using citric acid assisted sol-gel method [J]. Ceramics International, 2013, 39：2933-2941.

[166] PAVASUPREE, SUZUKI, YOSHIKAWA, et al. Synthesis of titanate, TiO₂ （B）, and anatase TiO₂ nanofibers from natural rutile sand [J]. Ind. eng. chem, 2002, 24（178）：3110-3116.

[167] XU A W, YUAN G, LIU H Q. The Preparation, Characterization, and their Photocatalytic Activities of Rare-Earth-Doped TiO₂, Nanoparticles [J]. Journal of Catalysis, 2002, 207（2）：151-157.

[168] MENG Z H, WAN L H, ZHANG L J, et al. One-step fabrication of Ce-N-codoped TiO₂, nano-particle and its enhanced visible light photocatalytic performance and mechanism [J]. Journal of Industrial & Engineering Chemistry, 2014, 20（6）：4102-4107.

[169] WANG, E, YANG, W, CAO Y. Unique Surface Chemical Specieson Indium Doped TiO₂ and Their Effect on the Visible LightPhotocatalytic Activity [J]. Phys. Chem. C, 2009, 113, 20912-20917.

[170] CAO Y, YU Y, ZHANG P, et al. An Enhanced Visible-Light Photocatalytic

Activity of TiO₂ by Nitrogenand Nickel–Chlorine Modification [J] . Sep. Purif. Technol. 2013, 104: 256–262.

[171] HAJI S, ERKEY C. Removal of dibenzothiophene from model diesel by adsorption on carbon aerogels for fuel cell applications [J] . Ind Eng Chem Res, 2003, 42: 6933–6937.

[172] GOEL J, KADIRVELU K, RAJAGOPAL C, et al. Removal of lead from aqueous solution by adsorption on carbon aerogel using a response surface methodological approach [J] . Ind Eng Chem Res, 2005, 44: 1987–1994.

[173] JAYNE D, ZHANG Y, HAJI S, et al. Dynamics of removal of organosulfur compounds from diesel by adsorption on carbon aerogels for fuel cell applications [J] . Int J Hydrogen Energ, 2005, 30: 1287–1293.

[174] MEHRDAD KESHMIRI, MADJID MOHSENI, TOM TROCZYNSKI. Development of novel TiO₂ sol–gelderived composite and its photocatalytic activities for trichloroethylene oxidation [J] . Applied Catalysis B: Environmental, 2004, 53: 209–219.

[175] YEAN LING PANG, AHMAD ZUHAIRI ABDULLAH. Effect of carbon and nitrogen co–doping on characteristics and sonocatalytic [J] . Chemical Engineering Journal, 2013, 214: 129–138.

[176] VARSUDAVAN R, KARTHIK T, GARNESAN S, et al. Effect of microwave sintering on the structural and densification behavior of sol–gel derived zirconia toughened alumina （ ZTA ） nanocomposites [J] . Ceramics International, 2013, 39: 3195–3024.

[177] MARSOOR FARBOD, MARZIEH KAJBAFVALA. Effect of nanoparticle surface modification on the adsorption–enhanced photocatalysis of Gd/TiO₂ nanocomposite [J] . Powder Technology, 2013, 239: 434–440.

[178] BEATA TRYBA. Effect of TiO₂ Precursor on the Photoactivity of Fe–C–TiO₂ Photocatalysts for Acid Red （ AR ） Decomposition [J] . J. Adv. Oxid. Technol, 2007, 10 （ 2 ） : 267–272.

[179] HONGJIAN YAN, SAJI THOMAS KOCHUVEEDU, LI NA QUAN, et al. Enhanced photocatalytic activity of C, F–codoped TiO₂ loaded with AgCl [J] . Journal of Alloy and Compounds, 2013, 560: 20–26.

［180］QING ZHI XU，DIANA V WELLIA，SHI YAN，et al. Enhanced photocatalytic activity of C–N–codoped TiO$_2$ films prepared via an organic–free approach［J］. Journal of hazardous Materials，2011，188：172–180.

［181］ZHONGBIAO WU，FAN DONG，YUE LIU，et al. Enhancement of the visible light photocatalytic performance of C–doped TiO$_2$［J］. Catalysis Communications，2009，11：82–86.

［182］COLóN G，HIDALGO M C，MAC′IAS M，et al. Enhancement of TiO$_2$–C photocatalytic activity by sulfate promotion［J］. Applied Catalysis A：General，2004，259：235–243.

［183］AGUSTINA MANASSERO，MARIA LUCILA SATUFA，ORLANDO MARIO ALFANLO. Evaluation of UV and visible light activity of TiO$_2$ catalysts for water remediation［J］. Chemical Engineering Journal，2013，225：378–386.

［184］NECMATTIN KIHNC，ERDEMN SENNIC，MAGE ISIK，et al. Fabrication and gas sensing properties of C–doped and un–doped TiO$_2$ nanotubes［J］. Ceramics International，2013，5（110）：1–7.

［185］XIAOYE HU，TIANCI ZHANG，ZHEN JIN，et al. Fabrication of carbon–modified TiO$_2$ nanotube arrays and their photocatalytic activity［J］. Materials Letters，2008，62：4579–4581.

［186］HONGWEI BAI，KEITH SHAO YAO KWAN，ZHAOYANG LIU，et al. Facile synthesis of hierarchically meso_nanoporous S– and C–codoped TiO$_2$ and its high photocatalytic efficiency in H$_2$ generation［J］. Applied Catalysis B：Environment，2013，129：294–300.

［187］TEALDI C，QUARTARONE E，GARLINETTO P，et al. Flexible deposition of TiO$_2$ electrodes for photocatalytic applications：Modulation of the crystal phase as a function of the layer thickness［J］. Journal of Solid State Chemistry，2013，199：1–6.

［188］MEHDI ALZAMANI，ALI SHOHUHFAR，EBRAHIM EGHDAM，et al. Influence of catalyst on structural and morphological properties of TiO$_2$ nanostructured films prepared by sol–gel on glass［J］. Process in Natural Science：Materials International，2013，23（1）：77–84.

［189］MINGQIU WANG，JUN YAN，HAIPING CUI，et al. Low temperature preparation and characterization of TiO_2 nanoparticles coated glass beads by heterogeneous nucleation method [J]. Materials Characterization, 2013, 76: 39–47.

[190] STEM N, CHINAGLIA E F, DOS SANTOS FILHO S G. Microscale meshes of Ti_3O_5 nano- and microfibers prepared via annealing of C-doped TiO_2 thin films [J]. Materials Science and Engineering B, 2011, 176: 1190–1196.

[191] NOR HAFIZAH, IIS SOPYAN. Nanosized TiO_2 Photocatalyst Powder via Sol-Gel Method Effect of hydrolysis Degree on Powder Properties [J]. International Journal of Photoenergy, 2009, ID962783: 1–8.

[192] SREENIVASAN KOLIYAT PARAYIL, HARRISON S KIBOMBO, RANJIT T KOODALI. Naphthalene derivatized TiO_2-carbon hybrid materials for efficient photocatalytic splitting of water [J]. Catalysis Today, 2013, 199: 8–14.

[193] MING LI, SHIFENG ZHOU, YUEWEI ZHANG, et al. One-step solvothermal preparation of TiO_2-C composites and their visible light photocatalytic activities [J]. Applied Surface Science, 2008, 254: 3762–3766.

[194] GOLDIE OZA, SUNIL PANDEY, ARVIND GUPTA, et al. Photocatalysis-Assisted Water Filtration: Using TiO_2-Coated vertically aligned Multi-walled Carbon Nano Tube Array for Removal of Escherichia coli O157: H7 [J]. Materials Science & Engineering C, 2013, 6 (39): 1–35.

[195] LANGLET M, PERMPOON S, RIASSETO D, et al. Photocatalytic activity and photo-induced superhydrophilicity of sol-gel derived TiO_2 films [J]. Journal of Photochemistry and Photobiology A: Chemistry, 2006, 181: 203–214.

[196] AIDA L BARBOSA1, ISEL CASTRO. Photocatalyic Cyanide removal using TiO_2, $FeMoO_4/TiO_2$, and $hPMoCu/TiO_2$ Catalysis under simulated solar light and parabolic cylindrical collector reactor [J]. Av. cien. Ing, 2012, 3 (4): 69–79.

[197] PECCHI G, REYES P, SANHUEZA P, et al. Photocatalytic degradation of pentachlorophenol on TiO_2 sol-gel catalysts [J]. Chemosphere, 2001, 43: 141–146.

[198] MICHAEL J MATTLE, RAVINDRANATHAN THAMPI K. Photocatalytic degradation of Remazol Brilliant Blue® by sol-gel derived carbon-doped TiO_2

[J] . Applied Catalysis B: Environmental, 2013: 140–141, 348–355.

[199] JONG–SOON KIM, KIMINORI ITOH, MASAYUKI MURABAYASHI. Photocatalytic degradation of trichloroethylene in the gas phase over TiO_2 sol–gel films: Analysis of products [J] . Chemosphere, 1998, 36（3）: 483–495.

[200] PAULINA GORSKA, ADRIANA ZALESKA, JAN HUPKA. Photodegradation of phenol by UV–TiO_2 and Vis–N, C–TiO_2 processes: Comparative mechanistic and kinectic studies [J] . Separation and Purification Technology, 2009, 68: 90–96.

[201] Velmurugan R, KRUSHNAKUMAR B, SUBASH B, SWAMINATHAN M, et al. Preparation and characterization of carbon nanoparticles loaded TiO_2 and its catalytic activity driven by natural sunlight [J] . Solar Energy Materials & Solar Cells, 2013, 108: 205–212.

[202] NAWI M A, NAWAWI I. Preparation and characterization of TiO_2 coated with a thin carbon layer for enhanced photocatalytic activity under fluorescent lamp and solar light irradiation [J] . Applied Catalysis A: General, 2013, 453: 80–91.

[203] BITAO XIONG, BAOXUE ZHOU, LONGHAI LI, et al. Preparation of nanocrystalline anatase TiO_2 using basic sol–gel method [J] . Chemical Papers, 2008, 62（4）: 382–387.

[204] 肖逸松，柳松，向德成，等. 掺碳二氧化钛光催化的研究进展 [J] . 硅酸盐通报, 2011, 30（2）: 348–355.

[205] ZHIJIAO WU, QIAN WU, LIXIA DU, et al. Progress in the synthesis and applications of hierarchical fiower–like TiO_2 nanostructures [J] . Particuology, 2013, 557: 1–8.

[206] FEDERICO CESANO, DIEGO PELLEREJI, DOMENNICA SCARANO, et al. Radially organized pillars in TiO_2 and in TiO_2–C microspheres: Synthesis, Characterization, and Photocatalytic tests [J] . Journal of Photochemistry and Photobiology A: Chemistry, 2012, 242: 51–58.

[207] YABO WANG, YANAN ZHANG, GUOHUA ZHAO, et al. Electrosorptive photocatalytic degradation of highly concentrated p–nitroaniline with TiO_2 nanorod–clusters/carbon aerogel electrode under visible light [J] . Separation

and Purification Technology, 2013, 104: 229-237.

[208] JATINDER KUMAR, AJAY BANSAL. Sol-gel Derived Films of Nano-crystals of TiO_2 for Photocatalytic Degradation of Azorubine Dye [J]. International Journal of ChemTech Research, 2010, 2 (3): 1547-1552.

[209] PALANISAMY B, BADU C M, SUNDARAVEL B, et al. Sol-gel synthesis of mesoporous mixed Fe_2O_3-TiO_2 photocatalyst: Application for degradation of 4-Chlorophenol [J]. Journal of Hazardous Materials, 2013: 252-253, 233-242.

[210] HYEOK CHOI, ELIAS STATHATOS, DIONYSIOU D D. Sol-gel preparation of mesoporous photocatalytic TiO_2 films and TiO_2/Al_2O_3 composite membranes for environmental applications [J]. Applied Catalysis, 2006, 23: 60-67.

[211] ZUOLI HE, WENXIU QUE, JING CHEN, et al. Surface chemical analysis on the carbon-doped mesoporous TiO_2 photocatalysts after post- thermal treatment: XPS and FTIR characterization [J]. Journal of Physics and Chemistry of Solids, 2013, 74: 924-928.

[212] HUI LIU, XIAONAN DONG, GUANGJUN LI, et al. Synthesis of C, Ag co-modified TiO_2 photocatalyst and its application in waste water purification [J]. Applied Surface Science, 2013, 271: 276-283.

[213] HAIYAN LI, DEJUN WANG, HAIMEI FAN, et al. Synthesis of highly efficient C-doped TiO_2 photocatalyst and its photo-generated charge-transfer properties [J]. Journal of Collide and Interface Science, 2011, 354: 175-180.

[214] KARAMI A. Synthesis of TiO_2 Nano Powder by the Sol-Gel Method and Its Use as a Photocatalyst [J]. Journal of the Iranian Chemistry Science, 2010, 7: 154-160.

[215] DONGLIN SHIEH, SINJHANG HUANG, YUCHENG LIN, et al. TiO_2 derived from TiC reaction in HNO_3: Investigating the origin of textural change and enhanced visible-light absorption and application in catalysis [J]. Microporous and Mesoporous Materials, 2013, 167: 237-244.

[216] HUANQIAO SONG, XINPIN QIU, XIAOXIA LI, et al. TiO_2 nanotubes promoting Pt-C catalysts for ethanol electron oxidation in acidic media [J].

Journal of Power Source, 2007, 170: 50–54.

[217] LUISA M P-MARTINEZ, SERGIO MORALES-TORRES, ATHANASSIOS G KONTOS, et al. TiO_2 surface modified TiO_2 and graphene oxide–TiO_2 photocatalysts for degradation of water pollution under near–UV/Vis and visible light [J]. Chemical Engineering Journal, 2013, 224: 17–23.

[218] CRISTIANA DI VALENTIN, GIANFRANCO PACCHIONI. Trends in non-metal doping of anatase TiO_2–B, C, N and F [J]. Catalysis Today, 2013, 206: 12–18.

[219] LACHAUD J, VIGNOLES G L. A Brownian motion technique to simulate gasification and its application to C–C composite ablation [J]. Computational Materials Science, 2009, 44: 1034–1041.

[220] CHIU-SHIA FEN, LINDA M ABRIOLA. A comparison of mathematical model formulations for organic vapor transport in porous media [J]. Advance in Water Resource, 2004, 27: 1005–1016.

[221] AOKI K, DEGOND P, MIEUSSENS L, et al. A diffusion model for rarefied flows in curved channels [J]. Society for Industrial and Applied Mathmatics, 2008, 6 (4): 1281–1316.

[222] LIZHI ZHANG. A fractal model for gas permeation through porous membranes [J]. International Journal of Heat and Mass Transfer, 2008, 51: 5288–5295.

[223] UNDERWOOD G M, LI P, AL–ABADLEH H, et al. A Knudsen cell study of the heterogeneous reactivity of nitric acid on oxide and mineral dust particles [J]. Journal of Physics and Chemistry, 2001, 105: 6609–6620.

[224] PARTHASARATHY T A, RAPP R A, OPEKK M, et al. A model for the oxidation of ZrB_2 hfB_2 and TiB_2 [J]. Acta Materialia, 2007, 55: 5999–6010.

[225] THOMAS G KOCH, HUBERT VAN DEN BERGH, MICHEL J ROSSI. A molecular diffusion tube study of N_2O_5 and $HONO_2$ interacting with NaCl and KBr at ambient temperature [J]. Phys. Chem. Chem. Phys., 1999, 1: 2687–2694.

[226] TOMOHISA YOSHIOKA, MASASHI ASAEDA, TOSHINORI TSURU. A

molecular dynamics simulation of pressure–driven gas permeation in a micropore potential field on silica membranes [J] . Journal of Membrane Science, 2007, 293: 81–93.

[227] SOLDATOV A P, EVTYUGINA G N, SYRTSOVA D A, et al. A New Method of Modification of Inorganic Membranes with Pyrocarbon Nano–sized Crystallites [J] . Russian Journal of Physic Chemistry A, 2010, 84 (4) : 648–655.

[228] ZHONGWEI DING, RUNYU MA, FANEB A G. A new model for mass transfer in direct contact membrane distillation [J] . Desalination, 2002, 151: 217–227.

[229] NATHALIE OLIVI–TRAN, ANWAR HASMY. A percolation approach to aerogel gas permeability [J] . Journal of physics, 1999 (II) : 7971–7976.

[230] XUN YAN, VACLAV JANOUT, JAMES T HSU, et al. A polymerized calix 6 arene monolayer having gas permeation selectivity that exceeds Knudsen diffusion [J] . J. AM. CHEM. SOC, 2002, 124 (37) : 10962–10963.

[231] PRASAD V, CHEN Q S, ZHANG H. A process model for silicon carbide growth by physical vapor transport [J] . Journal of Crystal Growth, 2001, 229: 510–515.

[232] FOX R O. A quadrature–based third–order moment method for dilute gas–particle flows [J] . Journal of Computational Physics, 2008, 227: 6313–6350.

[233] CHRIS KRO GER, YANNIS DROSSINOS. A random–walk simulation of thermophoretic particle deposition in a turbulent boundary layer [J] . International Journal of Multiphase Flow, 2000, 26: 1325–1350.

[234] XIANSHE FENG, PINGHAI SHAO, ROBERT Y M HUANG, et al. A study of silicone rubber–polysulfone composite membranes– correlating H_2/N_2 and O_2/N_2 permselectivities [J] . Separation and Purification Technology, 2002, 27: 211–223.

[235] SATOSHI TAGUCHI, ANSGAR JÜNGEL. A two–surface problem of the electron flow in a semiconductor on the basis of kinetic theory [J] . J Stat Phys. , 2008, 130: 313–342.

[236] JUN–SEOK BAE, DUONG D DO. A unique behavior of sub–critical hydrocarbon permeability in activated carbon at low pressures [J] . Korean

Journal of Chemic Engineering, 2003, 20（6）: 1097-1102.

［237］KOKOU DADZIEA S, JASON M REES. A volume-based hydrodynamic approach to sound wave propagation in a monoatomic gas［J］. Physics of Fluid, 2010, 22（039901）: 1-3.

［238］LORENZO PLSANL, GLOVANNL MURGLA. An analytical model for solid oxide fuel cells［J］. Journal of Electronchemistry Society, 2007, 154（8）: B793-B801.

［239］LAN YING JIANG, TAI SHUNG CHUNG, SANTI KULPRATHIPANJI. An investigation to revitalize the separation performance of hollow fibers with a thin mixed matrix composite skin for gas separation［J］. Journal of Membrane Science, 2006, 276: 113-125.

［240］JUN FAN, HIROFUMI OHASHI, HARUHIKO OHYA. Analysis of a two-stage membrane reactor integrated with porous membrane having Knudsen diffusion characteristics for the thermal decomposition of hydrogen sulfide［J］. Journal of Membrane Science, 2000, 166: 239-247.

［241］NICOLAS G HADJICONSTANTINOU. Analytical results for sound wave propagation in small-scale two-dimensional channels［J］. Microchannels and Minichannels, 2003, 1030: 1-6.

［242］DOGBE C. Approximation of a Diffusion Induced on a Kinetic Equation by a Dynamical System［J］. Computers and Mathematics with Applications, 2005, 49: 1303-1325.

［243］OLIVIA COINDREAU, GéRARD L VIGNOLES. Assessment of geometrical and transport properties of a fibrous C-C composite preform using x-ray computerized geometrical properties［J］. Journal of Materials Research Society, 2005, 20（9）: 2328-2341.

［244］CHANGHAI LIANG, GUANGYAN SHA, SHUCAI GUO. Carbon membrane for gas separation derived from coal tar pitch［J］. Carbon, 1999, 37: 1391-1397.

［245］JASON K HOLT, HYUNG GYU PARK, OLGICA BAKAJIN. Carbon nanotube-based permeable membranes［J］. Materials Research Society, 2004, 820: 1-6.

[246] ANUP KUMAR SADHUKHAN, PARTHANPRATIM GUPTA, RANAJIT KUMAR SAHA. Characterization of porous structure of coal char from a single devolatilized coal particle- Coal combustion in a fluidized bed [J]. Fuel Processing Technology, 2009, 90: 692–700.

[247] ZALAMEA S, PINA M P, VIILELLAS A, et al. Combustion of Volatile Organic Compounds over mixed–regime catalytic membranes [J]. React. Kinet. Catal. Lett. , 1999, 67 (1): 13–19.

[248] ELAM J W, ROUTKEVITCH D, MARDILOVICH P P, GEORGE S M. Conformal coating on ultra high–aspect–ratio nanopores of anodic alumina by atomic layer deposition [J]. Chemical Materials, 2003, 15: 3507–3517.

[249] FATEMEH DAVAR, ASADOLLAH HASSANKHANI, MOHAMAND REZA LOGHMAN–ESTARKI. Controllable synthesis of metastable tetragonal zirconia nanocrystals using citric acid assisted sol–gel method [J]. Ceramics International, 2013, 39: 2933–2941.

[250] SIMON E ALBO, RANDALL Q SNURR, LINDA J BROADBELT. Designing nanostructured membranes for oxidative dehydrogenation of alkanes using kinetic modeling [J]. American Chemistry Society, 2008, 47: 5395: 5401.

[251] OLIVER KROCHER, MARTIN ELSENER, MARTIN VOTSMEIER. Determination of Effective Diffusion Coefficients through the Walls of Coated Diesel Particulate Filters [J]. Ind. Eng. Chem. Res., 2009, 48: 10746–1075.

[252] MEHRDAD KESHMIRIA, MADJID MOHSENIB, TOM TROCZYNSKI. Development of novel TiO_2 sol–gel–derived composite and its photocatalytic activities for trichloroethylene oxidation [J]. Applied Catalysis B: Environmental, 2004, 53: 209–219.

[253] PARMINDER SINGH SIDHU, CUSSLER E L. Diffusion and capillary flow in track–etched membranes [J]. Journal of Membrane Science, 2001, 182: 91–101.

[254] KAINOURGIAKIS M E, KIKKINIDES E S, STUBOS A K. Diffusion and flow in porous domains constructed using process–based and stochastic techniques [J]. Journal of Porous Materials, 2002, 9: 141–154.

［255］ROLDUGHIN V I, KIRSH A A. Diffusion Deposition of Finite Size Particles on Fibrous Filters at Intermediate Knudsen Numbers［J］. Colloid Journal, 2001, 63（5）: 619-625.

［256］JAKOBTORWEIHEN S, LOWE C P, KEIL F J, et al. Diffusion of chain molecules and mixtures in carbon nanotubes: The effect of host lattice flexibility and theory of diffusion in the Knudsen regime［J］. The Journal of Chemical Physics, 2007, 127（024904）: 1-11.

［257］DEBANGSU BHATTACHARYYA, RAGHUNATHAN RENGASWAMY. Dynamic Modeling and System Identification of a Tubular Solid Oxide Fuel Cell ［J］. American Control Conference, 2009: 2672-2677.

［258］VANSUDEVAN R, KARTHIK T, GANESAN S, et al. Effect of microwave sintering on the structural and densification behavior of sol-gel derived zirconia toughened alumina （ZTA）nanocomposites［J］. Ceramics International, 2013, 39: 3195-3204.

［259］BEATA TRYBA. Effect of TiO_2 Precursor on the Photoactivity of Fe-C-TiO_2 Photocatalysts for Acid Red（AR）Decomposition［J］. Journal of Advance Oxidation Technology, 2007, 10（2）: 267-272.

［260］LANGLET M, PERMPOON S, RIASSETTO D, et al. Photocatalytic activity and photo-induced superdrophilicity of sol-gel derived TiO_2 films［J］. Journal of Photochemistry and Photobiology A: Chemistry, 2006, 181: 203-214.

［261］JATINDER KUMAR, AJAY BANSAL. Sol-gel Derived Films of Nano-crystals of TiO_2 for Photocatalytic Degradation of Azorubine Dye［J］. International Journal of ChemTech Research, 2010, 2（3）: 1547-1552.

［262］HYEOK CHOI, ELIAS STATHATOS, DIONYSIOU. Sol-gel preparation of mesoporous photocatalytic TiO_2 films and TiO_2-Al_2O_3 composite membranes for environmental applications［J］. Applied Catalysis, 2006, 63: 60-67.

［263］PECCI G, REYES P, SANHUEZA P, et al. Photocatalytic degradation of pentachlorophenol on TiO_2 sol-gel catalysts［J］. Chemosphere, 2001, 43: 141-146.

［264］JONG-SOON KIM, KIMINORI ITOH, MASAYUKI MURABAYASHI. Photocatalytic degradation of trichloroethylene in the gas phase over TiO_2 sol-gel films: Analysis of products [J]. Chemosphere, 1998, 36 (3): 483-495.

[265] YOUJI LI, MINGYUAN MA, SHUGUO SUN, et al. Preparation and photocatalytic activity of TiO_2 carbon surface composites by supercritical pretreatment and sol-gel process [J]. Catalysis Communications, 2008, 9: 1583-1587.

[266] BRILHAC J F, BENSOUDA F, GLIOT P, et al. Experimental and theoretical study of oxygen diffusion within packed beds of carbon black [J]. Carbon, 2000, 38: 1011-1019.

[267] IRIE H, WATANABE Y, HASHIMOTO K. Carbon-doped anatase TiO_2 powders as a visible-light sensitive photocatalyst [J]. Chemistry Letters, 2003, 32 (8): 772-783.

[268] SHANMUGAM S, GABASHVILI A, JACOB D S, et al. Synthesis and characterization of TiO_2-C core-shell composite nanoparticles and evaluation of their photocatalytic activities [J]. Chemistry of Materials, 2006, 18 (9): 2275-2282.

[269] LU X, YU M, WANG G, et al. $h-TiO_2-MnO_2//h-TiO_2$-C Core-Shell Nanowires for high Performance and Flexible Asymmetric Supercapacitors [J]. Advanced Materials, 2013, 25 (2): 267-272.

[270] PARRA CARDONA S P. Coupling of photocatalytic and biological processes as a contribution to the detoxification of water [J]. Chemical Engineering Journal, 2001, 9: 119-125.

[271] FERN NDEZ-IB EZ P, DE LAS NIEVES F J, MALATO S. Titanium Dioxide/ Electrolyte Solution Interface: Electron Transfer Phenomena [J]. Journal of Colloid and Interface Science, 2000, 227 (2): 510-516.

[272] GALENDA A, CROCIANI L, EL HABRA N, et al. Effect of reaction conditions on methyl red degradation mediated by boron and nitrogen doped TiO_2 [J]. Applied Surface Science, 2014, 314 (919): 30-37.

[273] SOHRABI M, GHAVAMI M. Photocatalytic degradation of direct red 23dye using UV/TiO_2: effect of operational parameters [J]. Journal of Hazardous Materials, 2008, 153 (3): 1235-1239.

[274] PERA-TITUS M, GARCíA-MOLINA V, BA OS M A, et al. Degradation

of Chlorophenols by means of advanced oxidation processes: a general review ［J］. Applied Catalysis B: Environmental, 2004, 47（4）: 219-256.

［275］BUCHANAN W, RODDICK F, PORTER N. Formation of hazardous by-products resulting from the irradiation of natural organic matter: comparison between UV and UV irradiation ［J］. Chemosphere, 2006, 63（7）: 1130-1141.

［276］GLAZE W H, KANG J W, CHAPIN D H. The chemistry of water treatment processes involving ozone, hydrogen peroxide and ultraviolet radiation ［J］. 1987, 2: 19-29.

［277］KONSTANTINOU I K, ALBANIS T A. TiO_2-assisted photocatalytic degradation of azo dyes in aqueous solution: kinetic and mechanistic investigations: A review ［J］. Applied Catalysis B: Environmental, 2004, 49（1）: 1-14.

［278］SAUER T, NETO G C, JOSE H, et al. Kinetics of photocatalytic degradation of reactive dyes in a TiO_2 slurry reactor ［J］. Journal of Photochemistry and Photobiology A: Chemistry, 2002, 149（1）: 147-154.

［279］KONSTANTINOU I K, ALBANIS T A. Photocatalytic transformation of pesticides in aqueous titanium dioxide suspensions using artificial and solar light: intermediates and degradation pathways ［J］. Applied Catalysis B: Environmental, 2003, 42（4）: 319-335.

［280］Vapnik Vladimir N. The Nature of Statistical Learning Theory ［M］. Berlin: Springer, 1995.

［281］陆文聪, 陈念贻, 叶晨州, 等. 支持向量机算法和软件CHemSVM介绍 ［J］. 计算机与应用化学, 2002, 19（6）: 697-702.

［282］BURBIDGE R, TROTTER M, BUXTON B, et al, Drug design by machine learning: support vector machines for pharmaceutical data analysis ［J］. Computer and Chemistry, 2001, 26（1）: 5-14.

［283］陈念贻, 陆文聪. 支持向量机算法在化学化工中的应用 ［J］. 计算机与应用化学, 2002, 19（6）: 673-676.

［284］NELLO CRISTIANINI, JOHN SHAWE-TAYLOR. An introduction to support vector machines and other kernel-based learning methods ［M］. Cambridge: Cambridge university press, 2000.